건설 분야에서의

복합신소재 응용기술

한국복합신소재구조학회 지음

도서출판 동화기술

머리말

현재 건설 분야 구조재료로써 복합신소재는 비강성, 비강도가 기존의 콘크리트나 강재에 비해 상대적으로 높고 비부식성, 경량성, 비전기성 등 재료적 장점과 방향성을 이용하여 우수한 역학적 성질을 얻을 수 있으며, 다양한 형태로 만들 수 있는 뛰어난 성형성을 가지고 있다.

복합신소재는 많은 장점에도 불구하고 일반 건설재료로서의 이용에 지연되는 주된 원인은 등방성인 일반 건설재료와 달리 비등방성인 복합신소재가 건설 분야에 적용여부에 대한 이해도가 부족하고 또한 복합신소재의 이론이 일반 설계기술자에게는 너무나 어렵다는 인식이 자리 잡고 있어 본 학회에서는 전반적인 건설 분야에서의 복합신소재 응용기술에 대해 소개하기 위하여 본 책을 발간하게 되었다. 이미 부분적으로 건설 분야에 복합신소재로 만든 구조물들이 적용되는 현실을 감안할 때 이 책은 건설기술자들이 쉽게 응용할 수 있을 것이다. 그리고 다양한 분야별로 복합신소재를 이용한 응용기술의 자료제시가 되어 있어 이에 본 책의 건설 분야에서의 복합신소재 응용기술이 복합신소재의 건설재료로서 일괄적인 지식을 제공할 것으로 사료된다.

본 책은 총 10장으로 나누어져 기술되어 있다. 제1장에서는 서론부분으로서 복합신소재가 새로운 건설재료로서 그 응용기술의 배경 및 필요성 등에 대해 정리하였다. 제2장에서는 복합신소재의 시장동향으로서 복합신소재의 시장동향조사, 상용화 제품조사, 응용기술의 프로파일링에 대해 기술하였다. 제3장에서는 복합신소재의 연구동향 조사를 기술하였다. 제4장에서는 건설 분야에서의 복합신소재 관련 활용 및 응용사례 조사를 분석하여 기술하였다.

제5장에서는 복합신소재의 기술에 대해서 기술하였으며 제6장에서는 복합신소재의 기술조사, 복합신소재의 설계, 복합신소재의 시험, 복합신소재의 품질평가, 복합신소재의 건설기술 분류, 복합신소재응용을 위한 소재별 기술 분류, 제품별 분류에 대해서 기술하였다. 제7장에서는 복합신소재 선도기업 및 기관 현황에 대해서 기술하였다. 복합신소재 주요 선도기업 현황조사, 주요 선도기업의 보유 건설기술을 조사하였으며, 또한 선도기업의 연구개발 동향에 대해 조사 기술하였다. 그리고 최근의 복합신소재 건설기술 시장조사를 분석하여 기술하였다. 제8장은 건설 분야에서의 복합신소재 기술전망을 조사하여 분석 기술하였다. 복합신소재의 건설기술조사, 건설 분야에서의 복합신소재 기술전망 조사, 건설 분야에서의 복합신소재 생애주기비용 조사를 기술하였다. 제9장은 건설 분야에서의 복합신소재 기술개발 방향에 대해서 기술하였다. 중장기적 엔지니어링 복합신소재 기술개발 방향, 복합신소재 기술개발 포트폴리오에 대해서 기술하였다. 제10장에서는 마무리로서 그 내용을 기술하였다. 마지막으로 본 보고서에 인용된 참고문헌과 부록에 국내외 인용문헌과 관련 웹사이트 분류하여 기술하였다.

끝으로 본 책에 미흡한 점이 많겠지만 관계자 여러분의 많은 조언을 부탁드리며, 본서의 발간으로 국내에서도 건설 분야에 복합신소재 응용기술을 기반으로 한 신기술 및 신공법이 활발하게 개발되어 우리나라 건설기술발전에 기여하길 기대한다.

2018년 11월

사단법인 한국복합신소재구조학회

회장 지 효 선

목차

4장 건설 분야에서의 복합신소재 활용/응용사례

5장 복합신소재의 기술조사

1장 새로운 건설재료

1절 배경 및 필요성

1절

배경 및 필요성

1. 새로운 건설재료의 출현

오늘날까지 토목, 건축 분야의 건설공사에는 주로 콘크리트 및 강재 등이 구조용 재료로 사용되었다. 그러나 최근 산업이 발전함에 따라 선진국을 중심으로 초대형 건설 프로젝트가 추진됨으로써 구조물 대형화 및 중량과 부식, 경과 년 수의 증가로 인한 유지 보수가 중요한 문제로 대두되고 있다. 그에 따라 복합신소재를 건설에 응용하기 위한 노력들이 활발하게 진행되고 있다. 복합신소재의 재료중량은 강재중량의 1/4이지만 기존의 콘크리트나 강재로 건설된 구조물에 비하여 무게가 1/10로 되어 그만큼 경간을 늘릴 수 있고 층고를 높일 수 있으므로 초고층 빌딩이나 초장대 교량을 계획할 때는 필수적으로 고려되어야 할 소재임은 분명하다. 또한 기존 콘크리트나 강재에 비하여 강도/중량의 비가 매우 크다. 이와 같은 복합신소재의 장점 때문에 1,000 m가 넘는 초고층 빌딩이나 3,000 m 이상의 초장대 교량의 건설, 초대형 해양구조물의 건설이나 인공섬, 지하도시, 해저도시의 구상에 이르기까지 모든 대형 프로젝트에서 복합신소재가 구조재로 더욱더 중요한 비중을 차지할 것이 분명하다.

인류역사의 여명기로부터 소재는 발전을 위한 무기였었다. 역사는 "석기시대", "청동기시대", "철기시대" 등과 같이 사용된 구조재료에 의해서 분류되기까지 했다. 그러나 오늘날 우리 시대를 한 가지 만의 재료로 부를 수는 없다. 우리 시대는 "선택의 시대"이기 때문이다.

우리는 “The Right Material for the Right Place”의 시대에 살고 있는 것이다. 우리는 적절한 소재를 최적의 용도로 사용할 가능성을 갖고 있는 것이다. “선택의 시대”란 강한 경쟁이 있음을 의미한다. 이 경쟁에서 복합신소재는 훌륭하게 무장되어 있어 이제 그 힘을 발휘하기 시작했다. 지금까지 인간이 사용 가능한 재료와 응용 가능한 기술로 구조 형식을 발전시켜 왔듯이 이제는 우리에게도 새로운 소재를 사용하는데 적합한 새로운 구조 형식의 개발이 필요하다.

2. 복합신소재의 건설용 재료 이용배경

오늘날 대부분의 건설기술자들은 복합신소재를 수 천년동안 사용해왔다는 사실을 인식하지 못하고 있다. 그러나 우리 조상들은 이미 수천 년 전에 진흙에 짚을 썰어 흙담을 쌓았을 때부터 복합신소재를 사용했으며 이는 “discontinuous fiber reinforced composite”라 지칭할 수 있다. 즉 짚은 보강재이고 진흙은 모재matrix이다. 간단히 말해서 복합신소재composites란, 두 가지 또는 그 이상의 소재들을 복합적으로 결합시켜 특정 목적을 위해 만들어진 재료를 의미한다. 소위 첨단복합신소재advanced composite materials의 사용은 1964년부터 탄소섬유가 대량 생산되면서 가격이 내려가기 시작하면서부터이다. 각종 비행기에서, 각종 부품으로 시작하여 이제는 주 구조재로 사용되고 있으며, 항공기나 철도차량에 100% 복합신소재 구조가 등장하기 시작했다. 이러한 소재의 사용은 각종 운동기구, 선박, 자동차를 넘어 건설로 확산되어 가고 있다. 그 이유인 즉, 복합신소재는 콘크리트와 강재에 비해서 다음과 같은 특징을 가지고 있기 때문이다.

- 무게가 가볍다. 복합신소재 재료중량은 강재중량의 1/4이며 기존의 강재나 콘크리트로 건설된 구조물과 비교하면 1/10에 불과하다.

▲ 그림 1.1 **건설 환경의 변화도**

- 부식이 발생하지 않는다.
- 임의 방향으로의 보강이 가능하다.
- 인성, 열 특성, 전자기적 특성이 뛰어나다.
- 감쇠효과가 우수하다.
- 부품의 수를 감소시킨다.
- 보강부재의 보강이 없어도 구조 부재를 보강할 수 있다.
- 지진발생시 경량으로 인한 관성력이 감소한다.
- 구조적 요구 사항에 따라 최적의 부재를 생산할 수 있다.
- 구조물의 경량과 가설의 용이성으로 건설 공기를 획기적으로 단축한다.

이러한 여러 가지 장점에도 불구하고 토목, 건축 등 일반 건설재료로서의 이용은 아직 초보 단계에 있는데 그 주된 원인은 다음 세 가지로 요약될 수 있다.

- 복합신소재가 가격이 비싸다는 편견이 있다.
- 이론이 일반 설계 기술자에게는 너무나 어렵다.
- 복합신소재 관련 국내 설계기준이나 시방서가 없다.

현재 각종 복합신소재의 가격은 계속 내리고 있고, 경제적이고 효율적인 제작 방법이 나날이 개발되고 있어 설계 방법이 가격 형성에 결정적인 역할을 하고 있다. 기존 재료에 근거한 부적절한 개념에 의한 설계야말로 복합신소재 구조물의 가격을 상승시키는 원인이 된다. 이것은 공사 단가가 설계개념에 따라 크게 좌우되기 때문이다. 선택의 폭이 방대하고 고려 사항이 무수히 많은 복합신소재의 경우 가격은 설계자의 판단 능력에 더욱 크게 좌우된다.

예를 들어, 복합신소재로 교량을 건설할 때를 생각해보자. 먼저 구조물의 경량성으로 인하여 중장비 사용이 극단적으로 감소되고 공기는 몇 달이 아니라 며칠로 단축된다. 우리나라와 같은 교통량이 많은 나라에서, 특히 도심지에서 교통난 해소를 위해 고가도로나 육교를 건설할 경우, 복합신소재 교량을 사용하지 않는 한 교통 혼잡은 몇 달씩 지속된다. 다음은 내부식성이다. 우리는 이미 여러 가지 구조물에서 부식으로 인한 엄청난 국가적 손실을 입고 있다는 사실을 알고 있다. 콘크리트 속의 철근은 화학적, 전기적 작용으로 부식이 진행되고 있다. 새로 건설하는 구조물의 부식방지를 위해서 복합신소재 구조물을 건설하는 것은 필수 불가결한 요소이며, 또한 기존 구조물의 보수에도 복합신소재가 사용되어야 효과적인 구조물이 된다. 아울러, 높은 비강도와 비강성 이외에도 강한 내충격성, 높은 피로강도를 갖고 있으며, 중량이 적으므로 지진이나 기타 진동발생시 그 무게 비율로 감소된 관성력을 받게 된다.

하지만 복합신소재 이론은 실무에 종사하는 일반 설계 및 시공기술자들에게는 너무나 어렵다. 또한 복합신소재 관련 설계기준이나 시방서의 제정 등이 시급히 요청된다. 이를 해결하기 위하여 일반 건설기술자들도 쉽게 사용할 수 있는 간단하고도 정확한 이론에 대한 연구가 꾸준히 진행되고 있다. 하지만 무엇보다 복합신소재가 건설 분야에 접목하는데 있어서 가장 큰 어려움은 가격 문제이다. 불과 십 여 년 전만 해도 복합신소재는 가격이 비싸서 우주 항공과 같은 "고성능/소량" 산업분야에만 활용되었다. 그렇지만 앞서 언급하였듯이 오늘날 복합신소재의 가격은 하락하기 시작했고, 효율적인 제작 방법이 나날이 발전하면서, 건설기술자들은 이들 복합신소재의 사용을 검토하기에 이르렀다. 오늘날 복합신소재는 꾸준한 소재개발과 대량생산 등에 힘입어 가격이 하락하면서 건설 분야에서도 경제적인 재료로 평가받기 시작했다.

예를 들어 영국에서는 100,000리터 "storm tank"를 복합신소재로 단 하루 만에 완공했다. 이 규모의 구조물을, 강재로 건설하면 최소 1개월이 소요되고, 콘크리트 구조로 건설하면 통상 3개월 이상이 소요되었을 것이다. 공사비는 강재나 콘크리트에 비하여 훨씬 적었다. 또한 미국에서는 캘리포니아에 필요한 물을 알래스카에서 1700마일의 해저 수로로 운송하는 계획을 추진하고 있다. 강재나 콘크리트를 이용한 재래식 공법으로는 적어도 15년 이상의 공기에 1500억 달러가 소요된다. 복합신소재를 이용할 경우 5년 이내의 공기에 200억 달러 정도가 소요된다.

2장 복합신소재의 시장동향

1절 국내외 동향

2절 복합신소재 응용기술 프로파일링

1절

국내외 동향

최근에 여러 산업분야에서 고성능 복합신소재로 각광을 받고 있는 섬유강화 복합신소재가 건설재료로 활용되기 시작한 시기는 1960년대로 알려져 있다. 그러나 1960~1970년대에는 복합신소재가 최근에 비하여 상대적으로 더 고가인 구조재료이었기 때문에 건설분야에 극히 제한적으로 활용되었다. 본격적으로 건설재료로 활용되기 시작한 시기는 1980년대이다. 1980년대는 시기적으로 동서 양진영 국가들의 군수산업이 위축되면서 복합신소재 산업계가 새로운 수요를 창출하고자 노력하고 있었으며, 한편으로는 비교적 보수적인 건설 분야에서 고성능 건설재료의 필요성이 대두되기 시작한 시기라고 할 수 있다.

지금까지 토목, 건축분야의 건설재료는 계속 변화하여 왔다. 즉, 목재에서 석재 그리고 콘크리트, 강재로 그 당시에 사용 가능한 재료와 응용 가능한 이론을 토대로 진화하여 왔다. 복합신소재는 강도와 강성이 충분하면서도 재료의 자중을 획기적으로 줄일 수 있으며, 외부환경에 저항성이 크고 환경오염의 영향이 적어 공사시간의 단축, 유지관리, 수명공사비 LCC, 환경적인 영향 등의 문제를 상당 부분 해소할 수 있는 매력적인 재료이기에, 미래 건설 분야에서 콘크리트와 강재를 대체할 수 있는 재료로서 각광받고 있다.

세계적인 복합신소재 시장동향을 파악하기 위하여 복합신소재 시장이 가장 큰 미국의 동향을 살펴보았다. 2001년 미국 복합신소재 제작사협회 Composites Fabricators Association 에서 조사한 전체 복합신

소재 시장규모는 약 17,000,000톤으로서, 이중에서 건설 산업이 복합신소재 시장의 약 20%를 차지하고 있음을 알 수 있다. 미국에서 생산되는 복합신소재는 크게 CFRP Carbon Fiber Reinforced Polymer, GFRP Glass Fiber Reinforced Polymer 이며, 수지는 폴리에스테르, 비닐에스터, 에폭시 계열이다. 한편, 세계시장에서 탄소섬유의 가격은 1990년 중반까지 약 $18~20/kg이었으나, 2002년 말 약 $15/kg 수준이며, 관련업계에서는 향후 생산기술향상 등으로 인하여 탄소섬유의 가격을 최저 $10/kg으로 낮출 수 있을 것으로 기대하고 있다. 반면에 세계시장에서 유리섬유의 가격은 탄소섬유의 약 1/10 수준인 약 $1.2~1.3/kg인 것으로 조사되었다.

특히 건설 분야에 적용된 시기는 1980년대로 노후 구조물의 보수 및 보강공사에 탄소섬유 시트가 사용되다가 1990년대에 들어서면서 미국, 유럽 등의 선진국에서 복합신소재인 유리섬유를 이용한 건설구조용 부재로 적용하기 위한 연구개발이 시작되었다. 2000년대에 들어오면서 건설 분야의 적용을 위한 GFRP복합신소재 연구개발 시도가 활발히 진행되었으며, 현재까지 상업적으로 적용되는 것은 주로 교량용 바닥판이다. 아울러, 노후 교량 상부구조를 교체하기 위한 대체 재료로서 이용되고 있다. 복합신소재가 초기 공사비가 기존 건설재료에 비해 높지만 생애주기비용 LCC 을 고려한 전체 수명비용을 고려할 때 더욱 경제적인 것으로 연구되어 보고되고 있어 건설 분야에서의 복합신소재 응용기술은 토목건설공사를 중심으로 더욱 활발히 전개될 것이다. 건설재료는 복합신소재가 될 것이라는 데에 의심의 여지가 없다. 선진국에서는 이미 막대한 경비를 들여 연구개발에 박차를 가하며, 사회간접자본 시설에 적용하려는 관심과 시도가 계속 이뤄지고 있다. 그러나 우리는 이에 대한 관심이 미비하고 관련 기술이 지극히 초보적인 수준에 있다.

1. 소재 산업분야

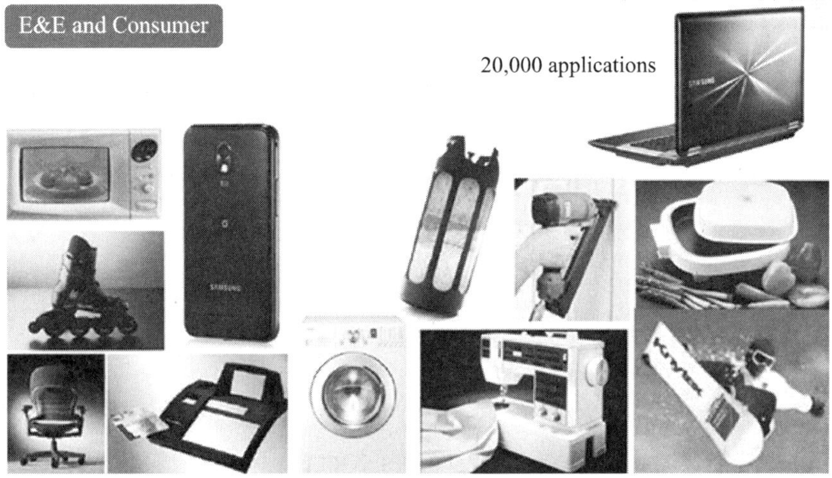

▲ 그림 2.1 **전기전자 산업분야 복합신소재 제품**

2. 항공 산업분야

▲ 그림 2.2 **항공 산업분야 복합신소재 제품**

3. 교통 산업분야

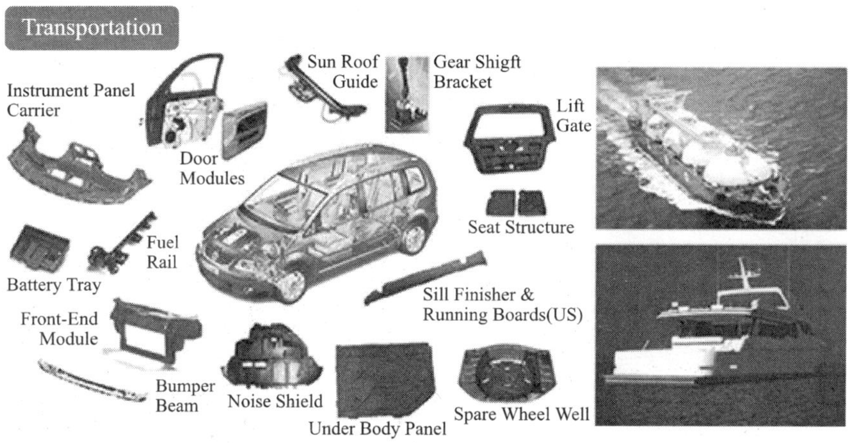

▲ 그림 2.3 **교통 산업분야 복합신소재 제품**

4. 건축 산업분야

▲ 그림 2.4 **건축 산업분야 복합신소재 제품**

5. 사회간접자본 산업분야

▲ 그림 2.5 **사회간접자본 산업분야 복합신소재 제품**

2절

복합신소재 응용기술 프로파일링

본 절에서는 건설 분야에서의 복합신소재 응용기술에 관련된 기술 및 시장동향을 분석하여 연구계획 및 연구개발과정에 활용할 수 있도록 국내외 자료를 수집 및 분석한 결과를 정리하였다. 국내 복합신소재의 주요 제조업체를 조사하여 표 2.1과 같이 주요 제조업체를 정리한 것이다.

표 2.1 국내 복합신소재의 주요 제조업체

제조업체	분야
(주)SK케미칼	유리 및 아라미드 섬유, 레이진 제조사
오리엔탈공업(주)	복합신소재 제조사
(주)한국화이바	유리 및 탄소섬유, 복합신소재 제조사
(주)금강고려화학(KCC)	레이진 제조사
태광산업(주)	유리섬유 제조사
코오롱유화(주)	섬유/레이진 제조사, 복합신소재 제작사
오엔스코닝코리아(주)	유리섬유 제조사
애경화학(주)	레이진 및 복합신소재 제작사
(주)도레이코리아	탄소섬유 제조사
동일산자(주)	유리섬유, 복합신소재 제작사
세원화성(주)	레이진 제조사

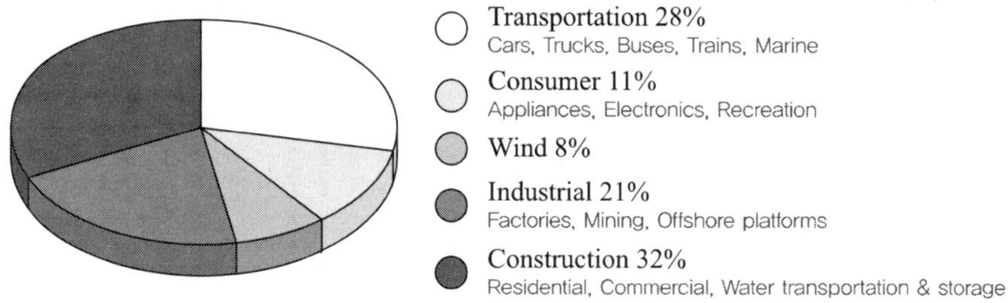

▲ 그림 2.6 **복합신소재 응용기술 분포도**

국내에서 이미 1990년도 초부터 국방과학연구소 및 국책연구소에서 관련 업체들과 복합신소재의 국산화를 위한 기초소재연구, 제조공정 등에 대한 연구를 착수하였으며, 2000년도 이를 기반으로 여러 산업분야의 국산화를 완료한 바 있다. 유리섬유와 같은 기초소재의 일부는 국산화되어 있으나 아직도 선진국과 10여 년 이상의 격차를 보이고 있다. 그러나 정부의 첨단 산업분야 등의 수요를 볼 때, 그리고 기 확보된 기반시설 및 연구 인력의 효율적인 집적화가 추진된다면 소규모의 투자로도 소기의 성과를 올릴 수 있는 기반을 갖고 있다고 판단된다. 그림 2.6은 산업분야별 제조기술 및 시공기술에 대한 조사를 나타내고 있다. 국내 복합신소재 제조기술과 시공기술은 주로 기계, 전자부품, 자동차 등 일반 산업분야에 집중되어 있다. 건설 분야에서의 복합신소재 응용기술 분야는 32%로 조사되었는데 주로 일부 환경 분야, 건축 외장재에 주로 적용되고 있다. 최근에는 사회간접자본시설인 교량, 신재생에너지 시설물 구조에 적극 응용되고 있다.

3장 건설 분야에서의 복합신소재의 연구동향

미국이나 유럽 같은 선진국을 중심으로 복합신소재를 이용한 교량건설이 상당히 진행되고 있다. 그림 3.1, 3.2는 사장교 형태의 복합신소재 교량인 영국의 Aberfeldy교와 덴마크의 Strandhuse교를 보여주고 있다.

▲ 그림 3.1 **완전 복합신소재 사장교**
(영국 스코틀랜드 Aberfeldy bridge)

▲ 그림 3.2 **완전 복합신소재 사장교**
(덴마크 Strandhuse bridge)

그리고 그림 3.3은 영국 Bondsmill 운하에 설치된 완전 복합신소재로 건설된 리프트 교량이며 DB-24에 준하는 하중을 받을 수 있도록 설계 시공되었다. 그리고 그림 3.4는 미국 Kansas 주에 시공 중인 장면이다. 본 교량데크는 복합면재를 갖는 샌드위치교량 데크이다.

▲ 그림 3.3 **완전 복합신소재 리프트교**
(영국 Bondsmill bridge)

▲ 그림 3.4 **복합신소재 슬래브교 가설공사**
(미국 Kansas Kansan Deck)

그림 3.5는 건설예정인 사장교 형태의 완전 복합신소재 교량인 미국의 Sand Diego 대학교 내에 설치될 Gilman교를 보여주고 있다. 그림 3.6은 미국 Delaware 주에서 복합신소재를 이용한 바닥판을 거치하는 모습을 보여주고 있다.

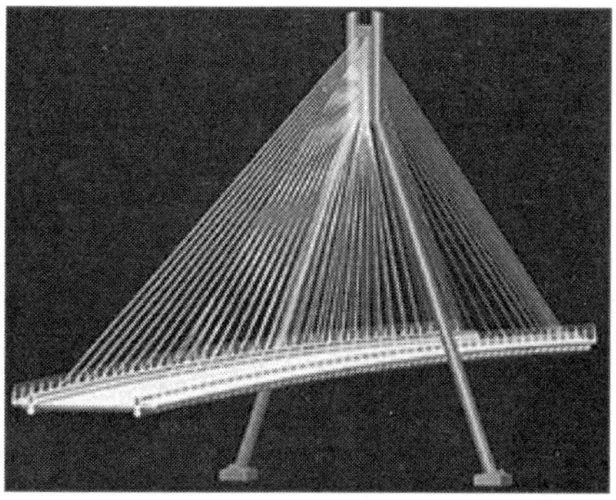

▲ 그림 3.5 **완전 복합신소재 사장교**
(미국 San Diego Gilman bridge)

▲ 그림 3.6 **복합신소재 슬래브 상부구조 거치모습**
(미국 Delaware 주 1-351 bridge)

이 밖에도 복합신소재Fiber Reinforced Polymer를 사용한 비교적 짧은 길이의 교량이 미국 West virginia에 건설될 예정이다. 이 교량은 고속도로 중 일부에 설치되는 것으로, 주 정부는 이러한 경량구조를 가진 교량의 건설에 관심을 가져왔는데, 이는 이 복합신소재 교량이 좀 더 무거운 차량의 통과도 가능하게 할 수 있을 것으로 믿기 때문이다. 이 복합신소재의 구조는 H-deck 또는 Superdeck라고 불리는데, 이 신형 교량은 속이 비어있는 단위조각의 복합신소재로 제작되었다. 토목 건축분야에서는 복합신소재구조를 사용하고자 하는 연구가 비교적 일찍부터 시작되었다. 미국의 J.F.K.와 같은 회사는 1949년에 Fiber Glass로 Pipe를 제작하기 시작했고, 1966년에는 Graphite로 Pipe를 제작하여 지금까지 약 20,000,000 ft의 Fiber Tube를 생산해왔다.

이탈리아의 V.T.S 회사는 30여 년 전에 Fiber Glass Pipe를 제작하기 시작하여 4,000 mm 직경의 Pipe, 10,000 mm 직경의 Silo 등을 생산하였다. 복합신소재 구조물은 우수한 방식성으로 인하여 항만구조, 수리구조, 공장구조 등에도 많이 이용되지만 높은 강도에 비해 현저히 경량이므로 특히 장거리 수송비용 및 시간 절약이 커서, 긴 Pipe line에 큰 장점이 있다.

국내의 복합신소재 기술개발은 국방과학연구소ADD에 의하여 방위 산업분야에 편중되어 상당히 추진되어 왔으며, 1970년대부터 국내 산업분야에 활용되기 시작하여, 현재 스포츠용품, 항공산업, 자동차 및 기계 부품, 플랜트 산업 등에서 각광을 받고 있다. 국내에서 복합신소재의 건설 분야의 활용 및 응용은 1990년대 초에 주로 노후 콘크리트 구조물 성능개선을 위해 탄소섬유 시트 등을 이용하여 사용되어 왔으며, 2000년대에 그 사용이 급격히 증가하였다. 본격적으로 대량의 수요를 창출할 수 있는 복합신소재 구조체에 대한 연구개발은 1988년부터 여러 대학 및 연구기관에서 활발히 진행되어 왔다.

국내에서는 복합신소재 바닥판 개발의 필요성을 인식하여 국민대학교 토목공학과에서 진공성형공법과 필라멘트 와인딩 공법으로 제작한 교량 적용용 구조데크가 개발되어 2001년에 공사현장 가교에 적용하였다. 또한 대원대학교 산학연 기술개발의 일환으로 연구진에 의해 개발된 복합신소재를 이용한 수적층된 복합신소재 패널과 파형 복합신소재 거더로 구성된 고강도 복합신소재 교량(B=8.0 m, L=10.0 m)을 강원도 영월군 북면 덕창리 지방도 88호선에서 국도 31호선으로 연결되는 법정도로에 2002년 5월 21일에 국내 최초로 건설하였다. 본 교량의 형식은 그림 3.7~3.10과 같이 고강도 복합신소재 슬래브 형태의 교량으로서 대원대학교 주관 하에 산학협력으로 다년간 이루어진 연구개발 결과이다. 해석, 설계 및 제작 등 모든 공정이 순수한 국내 연구진에 의해 기술 개발되어 건설되었다.

상기에서 살펴보았듯이 국내의 복합신소재 관련 기술은 선진국에 비하여 약 10년 정도의 기술적 격차가 있다. 복합신소재 바닥판에 대한 관련 연구가 최근 대학, 연구소 등에서 활발히 진행되고 있다.

▲ 그림 3.7 **복합신소재 상부구조 인양 및 설치**

▲ 그림 3.8 **복합신소재 교량 설치완료 (공기 : 약 8시간)**

대부분의 추격 기술로 복합신소재의 제작, 설계, 시공기술 분야에 있어서 미국이나 유럽의 주요 선진 연구기관의 기술을 답습하는 한계를 보이고 있다. 아직까지 복합신소재 구조에 대한 설계기준 및 시공지침이 마련되어 있지 않기 때문에 주로 현장시험용 건설에 국한하고 있는 실정이다. 그리고 대부분의 국내 복합신소재 제조회사가 설비의 용량 및 규모가 현저히 적기 때문에 복합신소재 구조를 생산하기 위한 건설회사의 이에 대한 투자가 요구되는 시점이다.

▲ 그림 3.9 **복합신소재 교량 포장완료 모습**

▲ 그림 3.10 **복합신소재 교량 차량 통행**

4장 건설 분야에서의 복합신소재 활용/응용사례

복합신소재 활용의 역사를 살펴보면, 초창기의 섬유보강 복합신소재 Fiber Reinforced Polymers, FRP는 50여 년 전에 주로 여가활동에 활용하기 위한 목적으로 만들어졌으나 시간이 흐름에 따라 관련 재료 기술이 점차 발전하고, 유리섬유 GFRP, 탄소섬유 CFRP, 아라미드 섬유 AFRP 등의 섬유가 갖는 고성능의 역학적 장점들과 경량성, 고내구성 등으로 인하여 1960년대와 1970년대에는 우주, 항공, 국방 분야에서 주로 사용하게 되었다.

그러나 당시만 해도 복합신소재의 가격이 비싸서 전술한 분야에서 밖에 활용되지 않았다. 그러던 것이 1970년대에 접어들면서 점차 대량생산으로 인해 가격이 낮아지기 시작했고, 이로 인해 복합신소재를 스포츠 상품에 활용하는 단계의 일반 상용화에까지 이르게 되었다. 이 시기에 복합신소재 산업의 지속적인 성장은 복합신소재의 가격을 더욱더 낮추었으며, 1980년대 후반과 1990년대 초반이 되면서 국제적 냉전의 종식과 더불어 국방에 관한 복합신소재 시장이 점차 축소되면서 이들 산업의 관심이 선진국들을 중심으로 중요한 사회 간접시설물들의 노후화로 인한 개·보수의 필요성이 부각됨에 따라 대량 소비시장이 될 수 있는 건설 분야에 집중되기 시작하였다. 그래서 1980년대 후반부터 1990년대 내내 복합신소재의 건설 분야 활용에 관한 연구가 집중되었으며, 선진국의 경우 관련 산업계와 정부의 재정적 지원을 바탕으로 전시용 교량의 건설이 활발히 이루어지게 되었다. 이를 바탕으로 2000년대에 들어서는 공용 중인 교량의 콘크리트 바닥판을 성능개선하기 위해 복합신소재 바닥판으로 교체하거나, 교량 전체를 복합신소재로 구성하는 교량의 건설이 다수 이루어지면서 점차 복합신소재가 건설 산업분야의 차세대 건설재료로 받아들여지기 시작했다.

물론, 국내에서도 복합신소재를 활용한 교량의 가설이 있었다. 하나는 가교량의 바닥판을 시험적으로 기존의 강재 바닥판에서 유리섬유 GFRP 바닥판 패널로 대체하여 가설하였고, 이후 2002년에 2차선 일반도로의 교량 상부구조를 완전 GFRP 상부구조로 가설하여

운행 중에 있다. 그 이외에도 철근콘크리트 교량의 보강철근을 유사한 단면의 복합신소재 보강재로 대체하거나, 기존 노후교량의 상·하부 구조를 외부에서 보강하기 위해 복합신소재 시트Sheet나 패널panel을 이용하는 경우 등이 있다. 최근에는 복합신소재를 이용한 신재생에너지의 주요 시설인 풍력타워 및 블레이드에 유리섬유를 이용한 구조체 적용 연구가 진행되고 있으며, 초장대 교량인 사장교나 현수교의 케이블을 복합신소재를 이용한 제품 개발연구가 활발히 이루어지고 있다. 그리고 기둥의 내진보강을 위한 연구도 진행되고 있다. 이렇듯 국내에서도, 고기능, 고성능의 첨단 복합신소재를 사회간접자본 시설에 적용하려는 관심과 시도가 점차 확대되고 있다. 이러하듯, 건설 분야에서의 복합신소재 응용사례 조사를 다음과 같이 분류하여 기술하였다.

1. 교량분야

1) 복합신소재 바닥판

공용중인 교량의 콘크리트 바닥판을 성능개선하기 위해 복합신소재 바닥판으로 교체하거나, 교량 전체를 복합신소재로 구성하는 교량의 건설이 다수 이루어지고 있다. 대표적인 복합신소재 교량의 기술을 살펴보면, 1986년 독일에서 최초의 복합신소재 긴장재tendon를

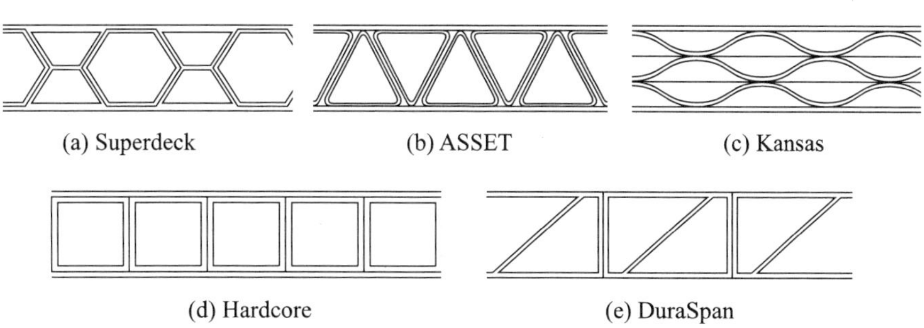

▲ 그림 4.1 상용 복합신소재 바닥판 종류

▲ 그림 4.2 **발사코아를 갖는 복합신소재 교량바닥판 시공 (미국 루이지애나 주, 2009년)**

이용한 고속도로용 교량을 건설하였는데 유리섬유 강화폴리머 GFRP를 인발성형 pultrusion 하여 만들어낸 직경 7.5 mm의 인장봉 19개로 긴장재를 만들었다. 1992년 Scotland의 Aberfeldy에서는 아라미드 섬유에 폴리에틸렌을 더한 케이블에 GFRP 바닥판과 주탑 등 최초로 전 부분을 복합신소재로 만든 사장교 형식의 보도교를 건설하였는데 총길이 113 m에 주 경간이 63 m로 현재 가장 긴 완전복합소재 교량의 하나이다. 미국 MCKinleyville에서는 1996년 복합신소재 강화 콘크리트 바닥판을 이용한 교량이 최초로 건설되었으며, 같은 해에 Russel에서는 차량용 완전복합소재 바닥판을 만들어 시공하였다.

복합신소재 바닥판은 여러 곳에서 사용 제품이 나와 있다. 대표적인 것으로 미국 Martin Marietta Composites사의 DuraSpan, Creative Pultrusions사의 Super Deck, 유럽 Fiberline사의 ASSET 등이 있다(그림 4.1). 국내에서도 복합신소재를 활용한 교량 바닥판과 슬래브 형식 상부구조의 가설이 있었다. 최근에는 발사코아를 이용한 복합신소재 바닥판이 개발되어 시험 적용되었다(그림 4.2).

2) 복합신소재 거더

▲ 그림 4.3 **복합신소재 거더를 이용한 교량 가설 장면**

복합신소재 교량이 처음에는 인도교에서 점차 차도교로 가설되고 있다. 주로 I형 거더를 이용하여 철근콘크리트 바닥판과 합성형 형태로 가설되었다. I형 거더 이외에도 콜루게이트 형태 등 복합신소재 특성에 맞는 구조형식을 개발하여 적용하였다(그림 4.3). 기존 노후교량의 상·하부 구조를 교체하지 않고 하부구조를 재사용하면서 성능을 충분히 개선하고 상부구조의 자중을 줄일 수 있는 복합신소재 거더형식이 국내외적으로 많이 개발되고 있다.

3) 복합신소재 상부구조

최근에 기존 도로 및 철도 횡단을 위한 일체형 교량상부구조 형식이 다양하게 개발되어 건설되고 있다. 중장비 동원 없이 손쉽게 가설되고 있는 장점이 있어 앞으로도 다양한 구조형식이 개발될 것으로 판단된다. 다음은 복합신소재 상부구조로 가설하는 현장사진이다(그림 4.4).

4) 복합신소재 케이블(cable)

1992년 Scotland의 Aberfeldy에서는 아라미드 섬유에 폴리에틸렌을 더한 케이블에 GFRP 바닥판과 주탑 등 최초로 전 부분을 복합신소재로 만든 사장교 형식의 보도교를 건설하였는데 총길이 113 m에 주 경간이 63 m로 현재 가장 긴 완전 복합신소재 교량의 하나이다(그림 4.5).

▲ 그림 4.4 **복합신소재 상부구조 가설 장면**

▲ 그림 4.5 **복합신소재 케이블 보도 사장교 전경**

2. 부속시설물 분야

▲ 그림 4.6 **복합신소재 구조 플랫폼 전경**

교량받침, 방호벽, 난간, 익스팬션죠인트, 거더덮개 enclosure, 플랫폼시설 등에 복합신소재를 이용하여 적용하기 위한 시도가 활발히 진행되고 있다.

3. 콘크리트, 강재 보강 분야

1) 복합신소재 보강재

기존 노후교량의 상·하부 구조를 외부에서 보강하기 위해 복합신소재 시트 Sheet 나 패널 panel 을 이용하는 경우 등이 있다. 그 이외에도 철근콘크리트 교량의 보강철근을 유사한 단면의 복합신소재 보강재로 대체하거나 노후된 철근콘크리트 구조물의 보강기술은 다양하게 개발되어 적용되고 있으며, 최근에는 복합신소재 Advanced Composite

▲ 그림 4.7 탄소섬유 시트로 휨 보강한 콘크리트 슬래브

▲ 그림 4.8 탄소섬유 시트로 휨 및 전단 보강한 철근콘크리트 보

Materials, ACM를 이용한 철근콘크리트 구조물의 보강공법의 기술개발이 증가하고 있다. 철근콘크리트 구조물의 휨 및 전단부재 보강을 위해 사용되는 복합신소재 재료는 CFRP Carbon Fiber Reinforced Polymer ; 탄소섬유보강폴리머 시트 Sheet가 주로 사용된다. CFRP 시트는 뛰어난 물리적 특성을 지닌 탄소섬유를 고성능 에폭시 수지에 함침시켜 만든 프리프레그 Prepreg의 일종이다. CFRP의 단위면적당의 강도는 강재의 10배에 상당하며, 강재의 1/5의 비중으로 상대적으로 경작업 만으로 뛰어난 보강효과를 나타낼 수 있다. 또한 기존 보강공법에서 요구되는 중량물의 운반 장치나 가공, 용접 작업을 필요로 하지 않고, 소음의 문제가 없다. 아울러 천정면이나 완곡면에 대한 시공성이 좋고 구조물의 여러 가지 형태에 대해서 폭넓게 적용할 수 있으며 극한 환경 하에 대해서도 우수한 내구성을 갖는다.

CFRP 시트에 의한 철근콘크리트 구조물의 보강은 대부분 접착제에 의해 기존 콘크리트 표면에 CFRP 시트를 부착하는 방법으로 그림 4.7, 4.8과 같이 이루어지고 있다. 이러한 CFRP 시트 보강공법은 매우 우수한 보강효과를 발휘해, 종래공법에서는 얻을 수 없었던 폭넓은 공법 적용성 및 시공성, 경제성을 실현할 수 있다.

최근 국외에서는 강구조물(합성구조물 포함)에 대한 복합신소재 시트 보강에 대한 파일럿 연구가 진행되고 있다. Miller(2001)는 Dalaware 소재 I704교량의 1개 거더 부위에 탄소섬유 시트 보강을

(a) Miller의 교량거더의 CFRP 보강

(b) Shaat의 합성보플렌지 CFRP 설치

(c) Shaat의 실험전경

▲ 그림 4.9 **강구조물의 복합신소재 시트 보강사례 및 실험전경**

(a) 런던 Action Bridge의 보강그림

(b) 복합신소재 보강된 CFT기둥의 하중-횡변위 관계

▲ 그림 4.10 **강구조물의 복합신소재 보강사례**

통해 보강성능효과를 검증하였으며, Tavakkolizadeh(2003)는 합성보의 하부플렌지에 복합신소재 보강을 통해 휨성능 및 강성을 향상시킬 수 있는 것을 입증하였다. Shaat(2008, 2009)는 단면이 손상된 합성보의 하부플렌지에 탄소섬유 시트 부착을 통해 보강효과를 검증하는 실험을 그림 4.9와 같이 수행하였다.

이외 런던 Action bridge 보 하부보강, 미국 뉴욕주 소재 고속도로의 사인몰 설치를 위한 강구조 트러스구조물의 조인트부위 보강 등 다양한 분야에서 강구조물의 복합신소재 시트 보강에 대한 연구가 진행되어 왔다(그림 4.10). 이와 같이 이미 콘크리트 구조물의 우수한 보수보강재로 검증을 받은 복합신소재 시트 보강재를 강구조물의 보수보강재로 적용시킬 경우 뛰어난 보강성능 및 시공성 향상 효과가 기대되며 향후 강구조물의 새로운 보수보강재로 널리 사용될 것으로 기대된다.

2) 복합신소재 보강근(Rebar), 긴장재(Tendon)

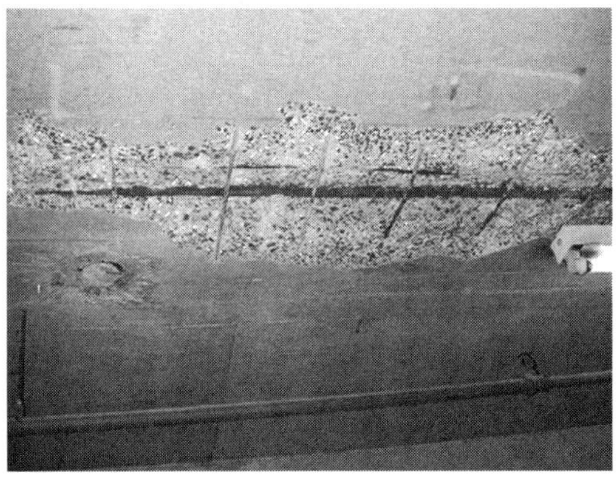

▲ 그림 4.11 **철근콘크리트 바닥판의 철근 부식상태**

복합신소재는 현재 토목분야 및 다른 여러 분야에 있어 다양하게 사용되며 각광받고 있는 신소재임이 이미 확인되었다. 복합신소재를 철근이나 긴장재의 대체재로서 콘크리트 구조에 적용하는 연구가 국내외적으로 활발히 진행 중에 있으며, 최근에는 적용하는 사례가 많아지고 있다.

이 복합신소재는 주로 Carbon, Glass, Aramide fiber와 Epoxy, Polyester, Vinylester 등의 matrix와 함께 접착되어 만들어진다. 이렇게 만들어진 복합신소재는 높은 비강성, 강도, 낮은 자중, 뛰어난 부식저항성, 자기저항성 등의 장점 때문에 특히 프리스트레스 구조물에 사용되는 강재 텐던을 대체할 수 있는 복합신소재 텐던으로 각광받고 있으며 특히 염기성 환경에서 강재 텐던의 부식에 대한 문제를 원천적으로 제거할 수 있는 장점이 있다. 복합신소재 텐던을

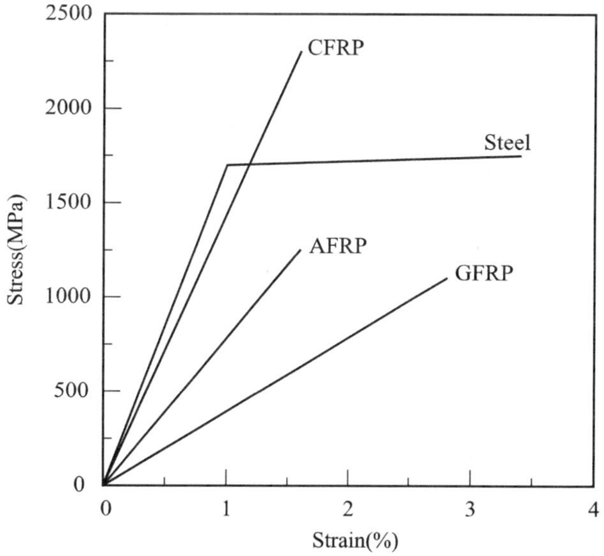

▲ 그림 4.12 **프리스트레스트 구조에 사용되는 복합신소재 텐던의 응력-변형률 곡선**

사용한 프리스트레스 콘크리트 구조물의 적용 예를 살펴보면 주로 유럽과 일본을 중심으로 1986년 세계 최초로 독일에서 GFRP 텐던을 사용한 47 m 길이의 프리스트레스 교량을 시공하였으며 여기에 사용된 인발성형된 GFRP 텐던의 직경은 7.5 mm이고 polymer-mortar 형태의 앵커시스템 Ballinger, 1991 을 사용하였다.

또 다른 교량거더로는 Ulenbergstrasse Bridge 1986, Germany, Schiessbergstrasse Bridge 1991, Germany, Notsch Bridge 1991, Austria 이 있으며 보도육교로는 Lunen's Che Gasse Bridge 1980, Germany, Marienfelde Bridge 1988, Germany, Adolf Kiepert Bridge 1991, Germany 등에 적용되었다. 현재 사용되고 있는 복합신소재 종류로는 CFRP Carbon Fiber Reinforced Plastics, AFRP Aramid Fiber Reinforced Plastics, GFRP Glass Fiber Reinforced Plastics 등이 주로 사용되고 있다.

복합신소재의 장점으로 기존의 강재 텐던에 비해 대부분의 복합신소재 텐던은 자중이 약 4배 작으며 종방향 인장강도도 CFRP인 경우 약 1.37배 크며 종방향 온도변화에 대한 계수 또한 현저히 낮다. 또한 만 CFRP의 경우 뛰어난 피로강도 Rostasy et al, 1993, 매우 낮은 릴락세이션 Rao, 1992 ; Santoh et al, 1993 의 특징이 있다. 그러나 복합신소재 텐던의 단점은 강재 텐던에 비해 가격이 비싸며 연직방향 및 전단탄성계수가 약 1/10 이하로 작기 때문에 지점부의 연직방향 하중과 전단응력에 의한 파괴가 쉽게 일어날 수 있다.

특히 복합신소재 텐던은 강재 텐던과 같지 않게 소성영역이 없어 연성이 부족하다. 즉, 텐던의 파단시 변형률이 강재 텐던에 비해 현저히 작은 단점이 있다(그림 4.12).

이 문제점이 복합신소재 텐던을 강재 텐던으로 대체하는데 있어 가장 큰 걸림돌이 되고 있다. 그러나 이러한 단점들은 복합신소재 텐던에 맞는 적절한 앵커시스템을 도입함으로써 해결될 수 있다.

4. 기초말뚝(Piles) 분야

복합신소재 파일은 해상 또는 육상의 콘크리트 및 강재파일을 대체하기 위하여 개발된 것으로 일반적으로 유리섬유 복합신소재 원형관에 콘크리트를 충전한 합성기둥 형태로 제작된다. 복합신소재 원형관은 재료설계를 통하여 파일의 구조 성능에 맞는 구조체로 제작되어 외부하중에 저항할 수 있도록 하며, 충전된 콘크리트는 파일 기둥의 압축 성능을 증대시키고 강성을 보강하는 기능을 가지게 된다. 복합신소재 원형관의 열화손상을 방지하기 위해 기지 재료인 수지 내 자외선 안정제를 사용하여 손상을 방지하게 된다. 기존 콘크리트 파일의 열화 및 균열과 강재파일의 부식과 같은 단점을 보완되어 파일의 내구연한을 획기적으로 연장시킬 수 있다. 또한 시공에 사용되는 중장비를 경량화하고 시공기간을 단축시킬 수 있는 장점을 지니고 있다.

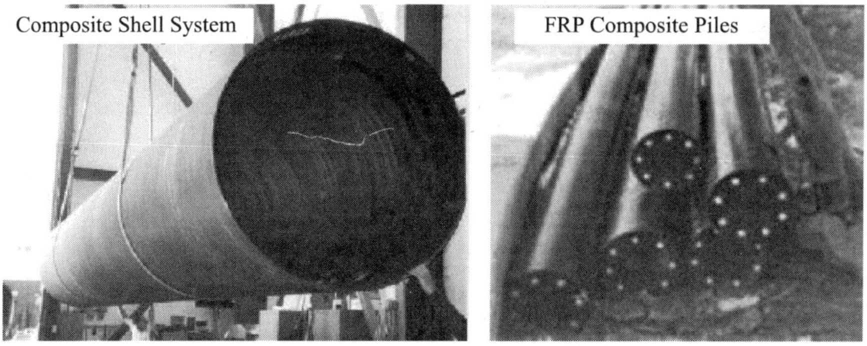

▲ 그림 4.13 **복합신소재 파일의 전경**

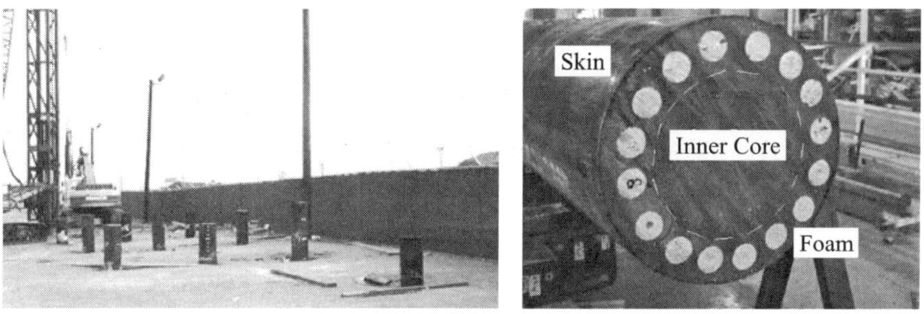

▲ 그림 4.14 **복합신소재 파일의 항타전경**

그림 4.13, 4.14는 복합신소재 파일의 전경과 항타 과정의 모습을 보여주고 있다. 이와 같은 복합신소재 파일은 주로 유리섬유와 폴리에스터 수지를 사용하여 필라멘트 와인딩 Filament winding 제작방법에 의해 제작하며, 일부 VARTM Vacuum Assisted Resin Transfer Molding 제조 방법으로 제조하는데 본 제조 방법은 항공, 자동차, 스포츠용품 제조에 많이 사용되는 복합신소재 제작방법이다.

5. 지반 및 사면보강 분야

1) 복합신소재 터널지보재, 보강재

기존 국내에서 주로 적용되던 터널·비탈면 보강 공법들은 주재료가 Steel 보강재로써의 많은 단점들(지하수 침투에 의한 보강재의 부식, 무거운 중량에 의한 작업성 저하, 보강재 절단의 어려움, 보강재 연결부 파손)이 발생하게 된다. 이러한 단점들을 보완하고자 수차례 복합신소재관의 제작방법과 수지의 종류, 경화방식 등을 변화시켜가며 강도시험을 실시하였고, 그 결과 최대강도를 발현할 때의 제작방법과 수지종류, 경화방식을 도출해내게 되었다. 복합신소재관을 활용한 터널 및 비탈면 보강은 다음과 같다. 현재 국내에서 주로 토목구조용 또는 지반보강용으로 사용되는 재료들은 주재료가 Steel

복합신소재관을 이용한 비탈면 보강사례

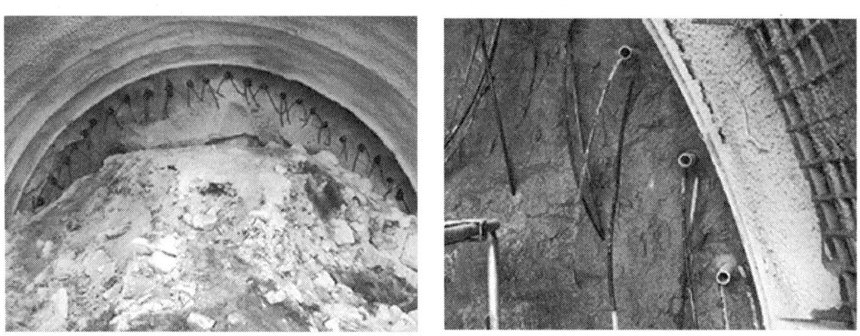

복합신소재관을 이용한 터널 보강 사례

▲ 그림 4.15 복합신소재를 이용한 지반 및 사면보강 전경

Pipe 또는 Steel bar 형태로 길이가 길어지게 되면 중량이 비례적으로 증가하여 시공성 및 안정성이 떨어지게 되며, 부식에 의한 강도저하의 우려가 있다. 또한 Steel pipe의 경우 겉면이 매끄럽고 요철이 없어 주면마찰저항을 필요로 하는 지반보강용으로는 취약한 단점을 가지고 있다. 이와 같은 단점을 보완하고자 타 재료에 비해 가볍고 부식이 없으며, 겉면의 요철에 의한 주면마찰력의 증대 등이 우수한 복합신소재관이 개발되었다.

2) 복합신소재 그리드 사면보강시스템

대부분의 절취 사면은 대부분 중량이 많이 나가는 콘크리트 지압판을 이용하는 지압형 앵커 등을 사용하여 사면을 보강하고 있다. 공사 특성상 각종 가설용 중장비 동원 등이 어려움이 있으며 주변 녹색 환경과 어울리지 않아 경관을 해치고 있어 구조의 경량화 및 주변 경관과 조화가 반드시 필요한 실정이다. 유리섬유 보강 플라스틱 Fiberglass Reinforced Plastic, FRP 복합신소재는 최근 선진국 뿐 만 아니라 국내에서도 기초 보강분야, 대규모 굴착 및 토공분야, 댐 및 터널보강분야, 비탈면 보강분야 등에 널리 이용되고 있으며 현재

▲ 그림 4.16 절취사면 보강 복합신소재 그리드 패널 앵커 시스템

토목구조용 재료로서의 연구 및 개발이 활발히 진행되고 있다. 복합신소재는 제조과정에서 섬유와 수지의 함량비, 섬유의 방향성과 품질이 복합재의 역학적인 특성을 좌우하게 된다. 복합신소재관은 균일한 단면과 거친 표면으로 이루어진 신소재 유리섬유강화플라스틱 복합재로서 인장, 전단강도가 강함은 물론 절단 및 가공이 쉽고 중량이 가벼워 취급이 용이하며 내화학성과 내부식성이 우수하여 토목구조용 재료로서 강재보다 뛰어난 장점을 가지고 있다. 그림 4.16은 격자형 Grid 패널을 이용한 저탄소 녹색 건설공법인 사면보강을 위한 앵커 시스템으로 절취사면을 보강한 시공 장면이다. 본 공법은 가설현장에서 작업인원 2~3인이 건설 중장비 동원 없이 지압판 구조물 설치가 가능하고, 중량 저감으로 인한 공사기간과 공사비를 획기적으로 줄일 수 있는 저탄소 녹색 공법이다.

6. 도로 부대시설물 분야

▲ 그림 4.17 **복합신소재를 이용한 도로전광판 및 전신주**

▲ 그림 4.18 **복합신소재를 이용한 안전 펜스(말레이시아)**

유리섬유 또는 탄소섬유를 이용한 복합신소재인 섬유강화플라스틱Fiber Reinforced Polymeric Plastic, FRP은 강도와 강성이 크며, 내부식성과 내화학성이 우수하여 산성비 등의 외부환경에 저항성이 높기 때문에, 도로 위에 있는 부대시설물 분야에 적용성이 우수하다. 그림 4.17은 복합신소재를 적용한 도로 전광판 및 전신주의 전경을 보여주고 있다. 그림 4.18은 복합신소재를 적용한 도로 중의 안전 펜스를 보여주고 있다.

▲ 그림 4.19 **복합신소재를 이용한 차량진입방지말뚝(말레이시아)**

그림 4.19는 복합신소재로 제작한 차량진입방지말뚝을 나타낸 것이다. 복합신소재는 용도에 따라 형태를 자유롭게 제작할 수 있으며, 도로변의 미관 향상 및 안전성을 높일 수 있어서 차량 진입 방지 말뚝으로 사용되고 있다.

그림 4.20은 복합신소재로 제작한 신호등을 나타낸 것이며, 그림 4.21은 복합신소재로 제작한 가로등을 나타낸 것이다. 복합신소재 부재를 사용할 경우 표면의 색상을 자유롭게 선택할 수 있어 도시의 미관을 개선할 수 있다.

▲ 그림 4.20 **복합신소재를 이용한 신호등 (말레이시아)**

▲ 그림 4.21 **복합신소재를 이용한 가로등 (말레이시아)**

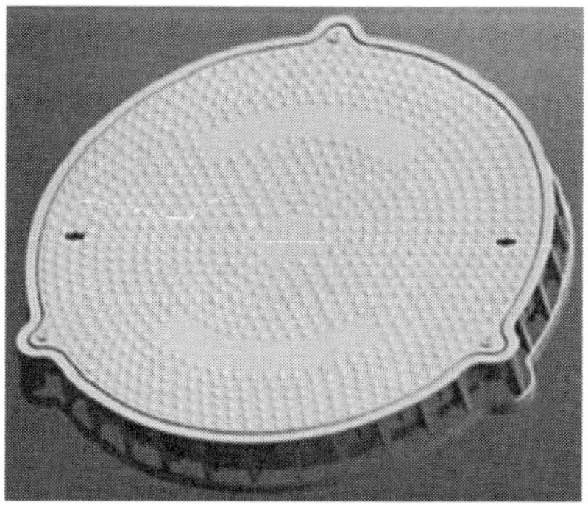

▲ 그림 4.22 **복합신소재 맨홀뚜껑(말레이시아)**

▲ 그림 4.23 **복합신소재 그레이팅 보도(말레이시아)**

그림 4.22는 복합신소재로 제작한 맨홀뚜껑을 나타낸 것이며, 그림 4.23은 복합신소재로 제작된 그레이팅 보도를 나타낸 것이다. 복합신소재는 단위중량이 작기 때문에 유지보수가 용이하고, 부식 등 외부환경에 대한 저항성이 우수하여 내구성이 크기 때문에 도시 내 보도 등에도 효과적으로 사용할 수 있다.

7. 관(Pipelines) 분야

복합신소재는 탁월한 내부식성과 염해와 같은 환경에서 내염해성, 독성이 강한 환경에서 내화학성과 함께 경량으로 인한 적절한 시공성 및 경제성을 가지고 있어, 그림 4.24~4.26과 같이 복합신소재 상하수도관, 송유관 및 지하저장탱크 등 그 활용이 매우 증대할 것으로 보인다.

▲ 그림 4.24 **복합신소재 상하수도관**

▲ 그림 4.25 **복합신소재 부유식 해상 송유관**

▲ 그림 4.26 **복합신소재 지하저장 탱크**

▲ 그림 4.27 **복합신소재 하수처리시설**

8. 신재생에너지(Renewable Energy) 분야

신재생에너지로 각광받는 풍력발전기에 사용되는 2MW, 3MW, 5MW급의 풍력블레이드 Blade 는 모두 복합신소재로 구성되어 있는데 EPOXY수지와 유리섬유와 더불어 블레이드의 강성을 담당하는 소재가 Balsa와 PVC Foam이며 최근에는 PET Foam도 점차 적용되고 있습니다. 특히 Balsa의 경우 가격대비 기계적 강도가 우수하여 응력을 많이 받는 Blade의 루트 부분에 적용이 되고 있다.

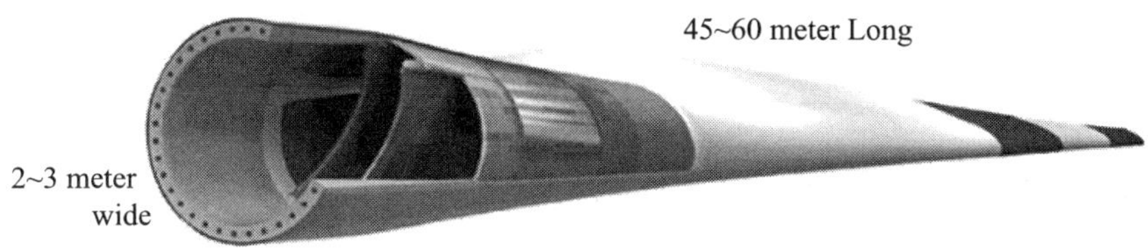

▲ 그림 4.28 **복합신소재 풍력블레이드(Blade)**

9. 건축분야

복합신소재는 건축분야에서도 다양한 형태로 적용되고 있다. 그 대표적인 것이 그림 4.29와 같은 복합신소재 조립식 주택이며, 그 밖에 그림 4.30～4.34와 같이 건축부속시설물, 외장재 및 마감재에서 그 사례를 찾아볼 수 있다.

▲ 그림 4.29 **복합신소재 조립식 주택**

▲ 그림 4.30 복합신소재 건축부속시설물

▲ 그림 4.31 복합신소재 건축외장재

▲ 그림 4.32 복합신소재 헬리포트장 (자외선차단마감도장재처리-국내)

▲ 그림 4.33 고층빌딩 펜스용 복합신소재 LUVER(국내)

▲ 그림 4.34 아파트 베란다용 복합신소재 난간(일본) 자외선차단도장마감

10. 항만분야

부식이 진행되기 쉬운 해양환경으로 인해 내부식성이 우수한 복합신소재는 마리나 시설, 잔교 등 항만시설에 적용되고 있다.

▲ 그림 4.35 **복합신소재 마리나**

▲ 그림 4.36 **해상 복합신소재 구조물**

▲ 그림 4.37 **해상 복합신소재 리프트교 구조물**

5장 복합신소재의 기술조사

1절

복합신소재 고찰 및 이론

1. 복합신소재의 정의

일반적으로 복합신소재 Advanced Composite Materials, ACM 는 재료의 성질이 서로 다른 두 종류 이상의 재료가 서로 물리적으로 일체화되어서 하나의 재료로 거동하는 재료를 말한다. 인위적으로 제조되었으며, 물리적 및 화학적으로 뚜렷이 구분되는 2개 또는 그 이상의 상들로 이루어져 있고 이러한 상들을 구분하는 계면을 갖고 있으며, 또한 복합신소재를 이루고 있는 각각의 상들과는 다른 특성을 나타내는 조건을 만족하는 경우로 정의한다. 복합신소재는 입자 Particle, 섬유 Fiber 와 같은 강화재료와 이들 재료를 구속하여 일체화시키는 기지재료 Matrix 로 구성된다. 복합신소재는 사용되는 기지재료에 따라 세 가지로 구분할 수 있으며, 1) 사용되는 기지재료가 고분자 기지재료이면 고분자기지 복합신소재 Polymer Matrix Composites, PMC, 2) 금속 기지재료이면 금속기지 복합신소재 Metal Matrix Composites, MMC, 3) 세라믹 기지재료이면 세라믹기지 복합신소재 Ceramic Matrix Composites, CMC 라 말한다.

그러나 일반적으로 말하는 전통적인 복합신소재라 함은 재료의 역학적 성질이 우수한 섬유와 고분자 기지재료Polymer Matrix의 복합신소재를 말하며, 섬유강화플라스틱 Fiber Reinforced Polymers, FRP, 섬유강화플라스틱 복합신소재 Fiber Reinforced Polymers Composites, FRPC 등과 동등한 의미로 사용되고 있다.

1) 고분자기지 복합신소재 (Polymer Matrix Composites, PMC)

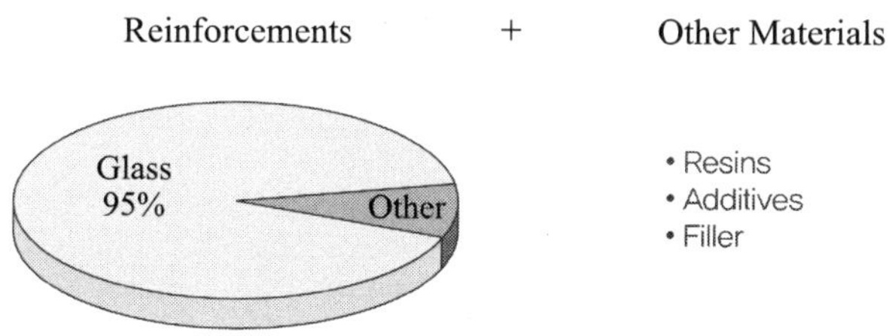

▲ 그림 5.1 **고분자기지 복합신소재(PMC) 정의**

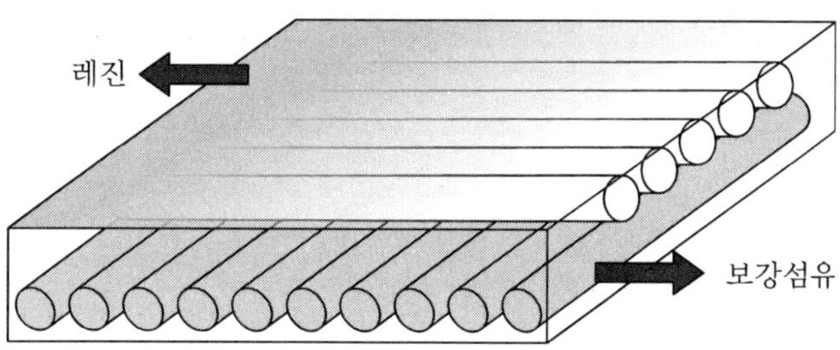

▲ 그림 5.2 **고분자기지 복합신소재 구성개념도**

고분자기지 복합신소재 Polymer Matrix Composites, PMC는 하중의 지지에 적합한 섬유 같은 보강재를 고분자기지인 폴리머를 이용하여 복합화하고 하중전달의 매개역할을 수행하며 공간적 안정성을 줘서 기계적 강도와 성형성을 좋게 한 섬유강화플라스틱 Fiber Reinforced Polymers, FRP이라 말한다(그림 5.1, 5.2 참조).

주요 강화재료는 유리섬유 Glass Fiber, 탄소섬유 Carbon Fiber, 아라미드 섬유 Aramid Fiber, 보론 섬유 Boron Fiber 및 바잘트 섬유 Basalt Fiber 등이 사용되고 있으며, 건설용 섬유로는 유리섬유와 탄소섬유가 일반적으로 사용되고 있다. FRP는 사용되는 보강섬유의 종류에 따라 GFRP Glass Fiber Reinforced Polymers, CFRP Carbon Fiber Reinforced Polymers, AFRP Aramid Fiber Reinforced Polymers과 같이

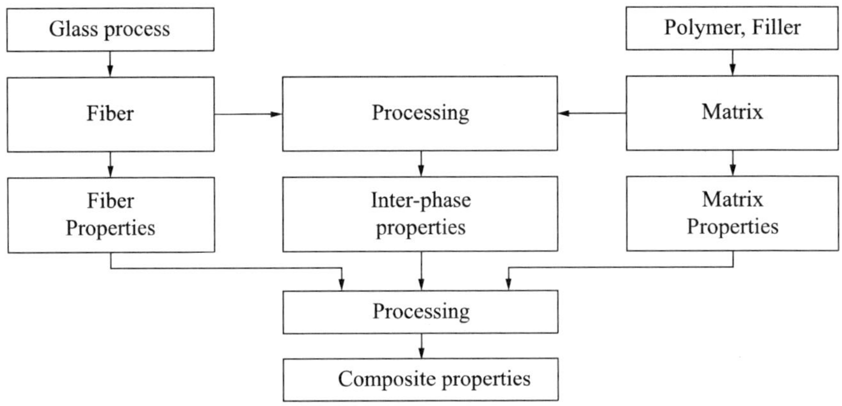

▲ 그림 5.3 **고분자기지 복합신소재 제작 구성**

고분자기지 복합신소재로 기술할 수 있다. 고분자기지재료 Polymer Matrix 는 불포화 폴리에스테르, 에폭시, 비닐 에스터 등의 수지(레진)를 많이 사용한다. 고분자기지재료로 사용되는 수지는 열에 대한 반응성에 따라 열경화성 Thermoset 수지와 열가소성 Thermoplastic 수지로 분류한다. 열경화성은 일정한 온도에서 제품의 성형 후 열에 의해 추가적인 변형이 없으나, 열가소성은 성형 후 온도에 따라 변형이 가능하여 재성형이 가능하다. 일반적으로 건설용 고분자기지 복합신소재에서는 열경화성 수지를 사용한다.

2) 금속기지 복합신소재 (Metal Matrix Composites, MMC)

금속기지 복합신소재 Metal Matrix Composites, MMC 는 섬유 같은 보강재를 금속기지를 이용하여 복합화하고 하중전달의 매개역할을 수행하며 공간적 안정성을 줘서 기계적 강도와 성형성을 좋게 한 섬유강화금속 Fiber Reinforced Metal, FRM 을 말한다. 1960년대에 붕소섬유로 강화된 알루미늄기지 복합신소재가 개발되었으며 1970년대에 탄소섬유로 강화된 금속기지 복합신소재를 만드는데 성공했다. 그 후 다양한 SiC 및 Al_2O_3 강화재를 이용한 금속기지 복합신소재 분야의 연구 활동이 전 세계적으로 상당히 증가하게 되었다. 중요한

금속기지 복합신소재로는 몇 가지로 구분할 수 있는데, 1) 붕소와 알루미늄으로 이루어지는 복합신소재, 2) 탄소와 알루미늄으로 이루어진 복합신소재, 3) Al_2O_3와 알루미늄(Al) 및 Al_2O_3와 마그네슘(Mg)으로 이루어지는 복합신소재, 4) SiC와 알루미늄으로 이루어지는 복합신소재로 예를 들 수 있다. 이들 금속기지 복합신소재는 높은 비강도와 비탄성률을 가지며, 고분자기지 복합신소재보다 훨씬 높은 온도에서 사용될 수 있다. 금속기지의 뛰어난 인성 및 우수한 내환경성으로 인해 금속기지 복합신소재의 제품이 얻어질 수 있다.

3) 세라믹기지 복합신소재(Ceramic Matrix Composites, CMC)

세라믹기지 복합신소재 Ceramic Matrix Composites, CMC 는 섬유 같은 보강재를 세라믹기지를 이용하여 복합화하고 하중전달의 매개역할을 수행하며 공간적 안정성을 줘서 기계적 강도와 성형성을 좋게 한 섬유강화금속 Fiber Reinforced Ceramic, FRC 을 말한다. 일반적으로 세라믹재료는 고온에서 높은 강도, 경직성, 화학적 비활동성, 낮은 밀도 등의 특성을 지니고 있다. 세라믹재료는 표면이나 내부에 결함이 존재할 경우 파손되기 쉽고 제조 및 사용과정에서 충격 또는 손상을 입기 쉽다. 이러한 이유로 세라믹기지 복합신소재에서 기지 내에 섬유를 함침하여 세라믹기지의 인성 toughening 을 높여 내환경성을 지니며, 고온에서 높은 강도를 얻도록 해야 한다. 일반적으로 비세라믹기지 복합신소재는 섬유와 기지의 탄성률비(E_f/E_m)에 따라 하중의 분배가 이루어진다. 그러나 세라믹기지 복합신소재는 섬유와 기지의 탄성률비가 낮아 1.0의 값을 취할 수도 있다. 따라서 세라믹기지 복합신소재는 인성 메카니즘 toughness mechanism 에 대한 특성에 주의를 요하고 있다. 세라믹기지 복합신소재의 중요한 상업적 이용분야는 절삭공구 cutting tools, 열기관, 악한 환경에 견딜 수 있는 분야와 전자제품 또는 에너지를 전환시켜주는 기관 제조분야이다.

2. 복합신소재의 구성 재료

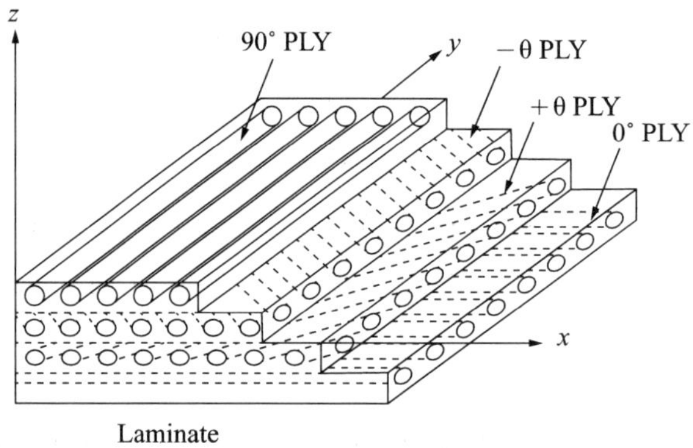

▲ 그림 5.4 **고분자기지 복합신소재 적층개념도**

복합신소재란 재료의 성질이 서로 다른 두 종류 이상의 재료가 서로 일체화되어서 하나의 재료로 거동하는 재료를 말한다. 단, 두 가지 이상의 서로 다른 물질을 혼합하는 방법에는 원자와 원자가 합쳐져서 화합물로 만들어지는 경우가 있으나, 이런 경우는 복합재료라고 하지 않는다. 복합재료는 혼합되어 있는 상태에서도 각 성분이 원래의 성질을 가지고 있어서, 미시적 Microscopic 으로 보며 균일하지 않은 상태로 존재한다. 구체적으로 두 가지 이상의 결합이라는 것은 강화상 Reinforcing Phase 으로 불리는 하나의 재료가 섬유, 판, 입자의 형태로 기지상 Matrix Phase 이라고 하는 다른 재료에 묻혀있는 구조이다. 강화재와 기지재는 금속, 세라믹, 고분자 어느 것일 수도 있다. 전형적으로 강화재는 강하고 가벼운 반면, 기지재는 연하거나 질긴 재료이다.

복합신소재는 2방향의 역학적 성질을 갖는 섬유와 기지로 구성된 단층 lamina or ply 을 설계의 목적에 따라 임의의 방향으로 여러 층을 적층하여 만들게 되는데 이렇게 만들어진 제품을 적층판 laminate 이라 한다.

1) 섬유(Fiber)

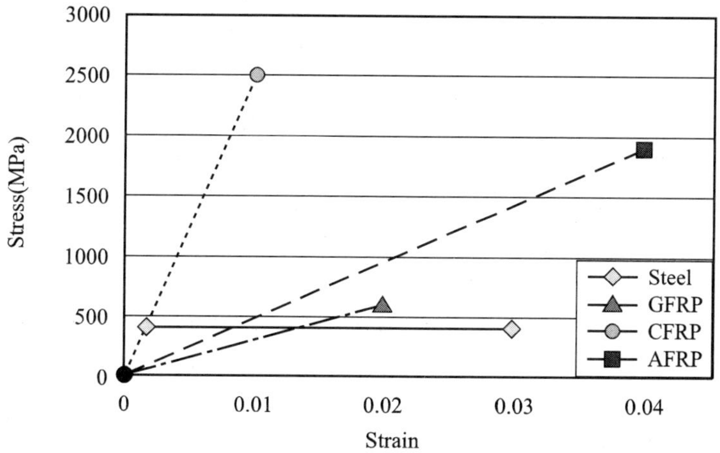

▲ 그림 5.5 **고분자기지 복합신소재별 응력 비교**

복합신소재의 분류는 일반적으로 강화상의 기하학적 형상에 따른다. 즉, 강화재의 배열방식과 특징에 따라 여러 가지 복합신소재의 종류로 구별할 수 있는데, 복합신소재의 구성요소로는 입자 particle, 섬유 fiber, 단층 lamina 과 이를 구속하여 일체시키는 기지 matrix 등이 있으며 이러한 요소들로 구성된 복합신소재는 일반적으로 입자보강 복합신소재, 섬유보강 복합신소재, 층상 복합신소재 등으로 구분할 수 있다. 그러나 일반적으로 말하는 전통적인 복합신소재 composite materials 라 함은 재료의 역학적 성질이 뛰어난 섬유 fiber 와 섬유를 구속, 성형하고 응력을 전달하는 고분자 재료 polymer 의 복합체를 말한다. 건설용 섬유로는 유리섬유와 탄소섬유가 일반적으로 사용되고 있다. 이와 같은 섬유는 사용하는 섬유의 종류에 따라 GFRP(유리섬유), CFRP(탄소섬유), AFRP(아라미드 섬유) 등이 있다.

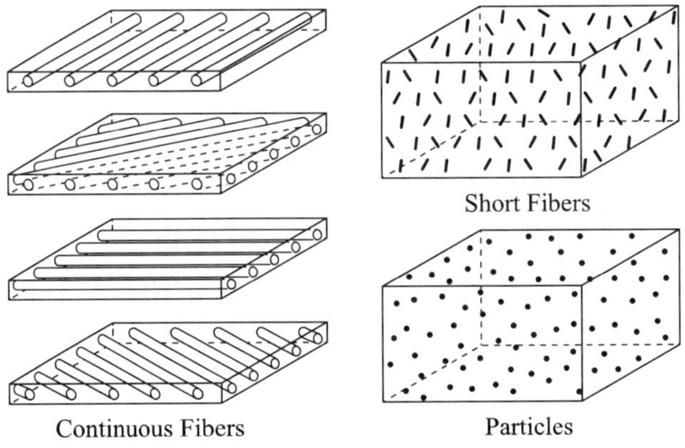

▲ 그림 5.6 **보강섬유 형태별 복합신소재**

① 유리섬유(Glass fiber)

유리섬유 종류로는 E-glass, C-glass, ECR-glass가 있다. 표 5.1은 각 유리섬유의 특성을 나타낸다. E-glass 섬유는 고강도, 전기저항 복합신소재가 요구되어질 때 선택된다. 복합신소재에서 광범위하게 사용되는 섬유 형태이다. C-glass 섬유는 화학적 저항이 요구되어지고 섬유 특성이 설계에 적당할 경우에 선택될 수 있다. 대단히 좋은 화학적 저항이 있지만, E-glass에 비교해서 저강도이다. ECR-glass 섬유는 E-glass 섬유의 대안으로 선택될 수 있다. 화학적 작용에 저항성이 상당히 크고 E-glass 섬유와 유사한 특성을 가진다.

표 5.1 **유리섬유의 특성**

	E-glass	C-glass	ECR-glass
비중	2.54	2.50	2.71
인장강도(MPa)	3400	3000	3300
탄성계수(GPa)	72	69	72
신장률(%)	4.8	4.8	4.8
열팽창계수(10^{-6}/℃)	5.0	7.2	5.9

② 탄소섬유(Carbon fiber)

탄소섬유는 흑연섬유로 지칭되며, 경량이면서 기계적 특성, 내열성 및 마찰특성이 우수하고, 강성 및 피로강도가 높으며 열에 강하고 부식하지 않는다. 탄소원자의 결정구조를 이용한 고강도 섬유로 현재 최신 복합신소재에 사용되는 보강섬유의 대종을 이루고 있다. 탄소섬유의 우수한 기계적 성질은 섬유를 구성하고 있는 탄소원자들이 섬유방향으로 강한 공유결합을 이루고 있는데 기인하며, 그 성질은 원자들이 얼마나 잘 배열되어 있는가에 따라 달라진다. 탄소는 밀도가 매우 가벼운 재료이다. 탄소는 매우 다양한 결정구조를 가지고 있는데, 복합신소재로서 관심의 대상이 되는 것은 탄소원자가 육방형 hexagonal 구조로 배열된 흑연화 구조이다. 탄소섬유는 레이욘, 폴리아크리로니트릴 PAN 등의 유기섬유, 또는 석유피치를 원료로 하여 이들을 전구체로서 소성시켜 만들어진다. PAN계 탄소섬유 가운데서도 여러 가지 형태의 탄소섬유가 있다. 고인장강도를 가지니 중간 정도의 탄성계수를 갖는 섬유(200～300 GPa), 고탄성계수를 갖는 섬유(400 GPa), 초탄성계수를 갖는 섬유 등이 있다. 표 5.2에 현재 생산되는 제작사별 탄소섬유의 특성을 나타내고 있다.

표 5.2 **탄소섬유의 제조회사 상표명 및 물성 값**

상표명	등급	탄성계수(GPa)	인장강도(GPa)
Torayca(일본)	M50	490	2.45
	T1000	294	7.06
	T300	230	3.53
Grafil(UK)	HMS400	405	3.1
	HMS	360	2.7
	XA H/S	230	3.85
Kosca(제철화학)	HS 300	230	3.3
ACELAN(태광산업)	IZ-40	280	4.0
	TZ-307	240	3.5
Thornel	P 120S	827	2.2

탄소섬유 복합신소재는 기존의 금속재료가 갖고 있지 않은 여러 가지 장점, 즉 높은 비강도 및 탄성계수, 낮은 열변형률, 높은 피로강도 등을 가지고 있으므로 성형제조기술의 발달, 가격의 하락, 새로운 기지재료 Matrix 의 개발 등으로 인하여 향후 그 용도가 많이 증대될 전망이다.

③ 아라미드 섬유(Aramid fiber)

아라미드 섬유는 방향성 폴리아미드 aromatic polyamide 섬유의 총칭으로서 섬유의 구성 물질이 긴 사슬모양의 합성 폴리이드이며, 적어도 85%의 아미드결합이 두 개의 방향성 고리에 직접 붙어 있는 인조섬유로 정의된다. 1971년에 듀퐁사에서 케블라 Kevlar 라는 이름으로 아라미드 섬유를 처음 시장에 내놓았다. 케블라 섬유는 고강도 및 탄성계수 외에 화학적, 열적으로 아주 안정되어 있다. 케블라에는 케블라-29 및 케블라-49가 있다. 표 5.3은 케블라 섬유의 물성 값을 나타내고 있다.

표 5.3 **케블라 섬유의 물성 값**

	비중	탄성계수(GPa)	인장강도(GPa)
케블라-29	1.44	96.5	0.83
케블라-49	1.44	137.9	1.31

2) 기지(Matrix)

복합신소재에서 폴리머계열 수지의 선택은 많은 인자에 의해서 결정된다. 요구되는 특성은 보통 강도, 강성, 인성 그리고 내구성에 의해 지배받는다. 사용온도와 환경, 제조 방법, 양생조건 등을 고려해야 한다.

① 폴리에스테르 수지(Polyester resins)

Orthophthalic 수지는 가장 저렴한 폴리에스테르 수지이며, 가장

광범위하게 사용된다. Orhtophthalic 수지는 우수한 재료적 특성, 적당한 사용온도 저항능력과 화학적 저항의 특성을 가지고 있다. Isophthalic acid 수지는 물에 대한 저항, 화학적 저항 또는 열에 저항이 요구될 때 고려되어야 한다. Isophthalic acid 수지는 높은 신장률과 우수한 재료적 특성이 있지만, Orthophthalic 수지보다 값이 비싸다.

② 비닐 에스터 수지(Vinyl ester resins)

비닐 에스터 수지는 폴리에스테르나 우레탄 수지의 성분으로 만들어 질 수 있다. 비닐 에스터 수지는 화학 저항성을 요구하는 복합신소재 구조, 필라멘트와인딩, 인발공법 pultrusion 에 적당하다. 비닐 에스터 수지는 Isophthalic polyesters보다 고성능에 적합하다. 그 이유는 물과 화학작용에 대한 저항능력이 우수하고, 강도와 강성이 좋으며, 인성이 크다. 파괴변형률은 Orthophthalic와 Isophthalic poly esters의 2배이다.

③ 페놀 수지(Phenolic resins)

페놀 수지는 열에 대한 성능이 강조되고, 독성의 저방출 그리고 불조건 하에서 특성의 유지 등이 요구될 때 사용되어야 한다. 페놀 수지로 만들어진 복합신소재의 두드러진 특성은 저인화성, 저인화속도 그리고 연기가 적다는 것이다. 비록 실내온도에서 양생이 가능하지만, 실내온도 이상에서는 안정한 재료를 얻는 것이 필요하다. 고열 뒤틀림 온도와 불에 대한 저항은 우수하다. 또한 폴리에스테르와 비교해볼 때 저수축이 특징이다.

④ 에폭시 수지(Epoxy resins)

에폭시는 다른 폴리에스테르와 비교해볼 때 기계적 성질과 물에 대한 저항성이 우수하고, 양생하는 동안 수축이 덜 되지만, 가격이 비싸다. 에폭시 수지는 내구성과 기계적 성질이 좋고, 전단강도가 큰 경우에 사용되어야 한다.

3. 복합신소재의 특성

복합신소재는 보강재인 섬유와 기지인 수지를 적절히 혼합하여 제작하는 것으로 이들을 조합할 수 있는 경우의 수는 매우 많다. 이러한 모든 경우의 수에 대하여 복합신소재를 제작하여 연구를 수행하는 것은 매우 불합리한 방법으로 시간적, 경제적 제약을 받지 않을 수 없다. 표 5.4에 건설용 재료로서 GFRP, AFRP, CFRP의 재료 특성치를 강재와 비교하여 나타내었다.

복합신소재는 섬유와 기지의 재료적 특성을 분석하여 건설용 구조재로 활용함에 있어서 가장 타당하다고 판단되는 특정 종류의 섬유와 기지를 기본 재료로 사용하고 필요에 따라 다른 재료를 혼합하여 사용하는 방법에 대하여 검토할 필요가 있다. 따라서 건설용 구조재료로서 유리섬유를 기본적인 재료로 채택하는 것이 경제성 측면에서 유리하다.

표 5.4 복합신소재와 강재의 재료 특성치 비교

Property	GFRP		AFRP				CFRP		Pre-stressing Steel
	E-glass	S-glass	Arapree	FiBRA	Technora	Parafil	Leadline	CFCC	
Fibre/Resin	Glass/epoxy	Glass/ployi-mide	Twaron/epoxy	Keviar 49/e-poxy	Technora/vi-nylester		Carbon/epoxy	Carbon/epoxy	
Minimum fibre volume ratio	0.55	0.5	0.45	0.65	0.65		0.65	0.65	-
Density(g/cm^3)	2.1	2	1.258	1.28	1.3	1.44	1.53	1.5	7.85
Longitudinal tensile strength (GPa)	1.08	1.28	1.2~1.5	1.25~1.4	1.7~2.1	1.21	2.25~2.55	1.8~2.1	1.86
Transverse tensile strength (Mpa)	39	49		30			57		1860
Longitudinal modulus(GPa)	39	43	62~64	65~70	54	120	142~150		190
Transverse modulus(GPa)	8.6	8.9		5.5			10.3		190
In-plane shear strength(MPa)	89	69		49			71		

Property	GFRP		AFRP				CFRP		Pre-stressing Steel
	E-glass	S-glass	Arapree	FiBRA	Technora	Parafil	Leadline	CFCC	
In-plane shear modulus(GPa)	3.8	4.5		2.2			7.2		73.1
Major Poissons's ratio	0.28	0.27	0.39	0.34～0.6	0.35		0.27		0.3
Minor Poissons's ratio	0.06	0.06		0.02			0.02		0.3
Bond strength (MPa)			7.7		12.2		9.7～13		6.6～7.1
Maximum longitudinal strain(%)	2.8	2.9	2.4	2	3.7	1.5	1.3～1.5	1.57	4
Maximum transverse strain(%)	0.5	0.6					0.6		4
Longitudinal compressive strength(Mpa)	620	690		335			1440		1860
Transverse compressive strength(Mpa)	128	158		158			228		1860
Longitudinal thermal expansion coefficient(/°C)	7×10^{-6}	5×10^{-6}	-2×10^{-6}	-2×10^{-6}	-3×10^{-6}		-0.9×10^{-6}	-0.5×10^{-6}	11.7×10^{-6}
Transverse thermal expansion coefficient(/°C)	21×10^{-6}	26×10^{-6}	50×10^{-6}	60×10^{-6}			27×10^{-6}		11.7×10^{-6}
Relaxation ratio (%) at room temperature			11～14%			6～9%	2～3%	1%	8%

4. 복합신소재의 제조기술

복합신소재의 제조 방법은 일반 금속재료와 매우 다르다. 제조 방법은 주로 기지에 따라 달라지는데, 기지가 열경화성 수지일 경우와 열가소성 수지일 경우, 또 금속이나 세라믹일 경우 각각 복합신소재에 대해 최고의 역학적 성질과 경제성을 확보하기 위해서는 전혀 다른 제조공정이 적용된다. 또한, 복합신소재는 일단 단면이 결정되면 필요에 따라 각기 다른 제조 방법을 채택해야 한다. 여기서, 현재까지 연구 개발되어 활용하고 있는 각종 복합신소재의 제조 방법은 다음과 같다. 복합신소재를 성형하는 방법은 여러 가지가 있는데, 고분자 물질을 기지로 하는 복합신소재의 성형방법으로는, 진공백 성형 Vacuum Bag Molding, 압축성형 Compression Molding, 인발성형 Pultrusion, 필라멘트 와인딩 Filament Winding, RTM Resin Transfer Molding, ERM Elastic Reservoir Molding, 포일 성형 Foil Metallurgy, 주조 Casting, 전착 Electro-deposition, 증착 Vapor Deposition 및 금속용사 Metal Spray 방법 등이 있다. 이 중에서 고분자 복합신소재를 성형하는데 많이 사용되는 방법은 다음과 같다. 이 중에서 건설용 복합신소재에 적합한 고분자 기지를 이용하는 복합신소재의 제조법은 일정한 단면으로 대량생산이 가능한 인발성형법이 많이 사용되고 있다.

1) 인발성형 제조법

인발성형은 길고 곧으며 단면적이 일정한 구조재를 제조하기 위하여 사용된다. 인발성형으로 제조할 수 있는 모양은 원형의(속이 차거나 빈) 통, 평평한 판, 여러 가지 보 Beam, 앵글 Channel 등이다. 최근에는 단면적이 변하거나, 곡선 모양의 제품을 인발성형으로 제조하는 기술이 개발되었다. 그림 5.7은 인발성형 공정라인의 일반적인 모양을 보여준다. 이 공정에서는 연속적인 스트랜드 로빙 Strand Roving 과 매트 Mat 라인이 한쪽으로부터 당겨져서, 수지를 담고 있는 통 Resin Bath 으로 통과하게 된다. 이 통속에는 경화제 Curing Agent, 염료, 자외선 차단제 및 화재 지연제와 같은 물질이 함께 들어 있다.

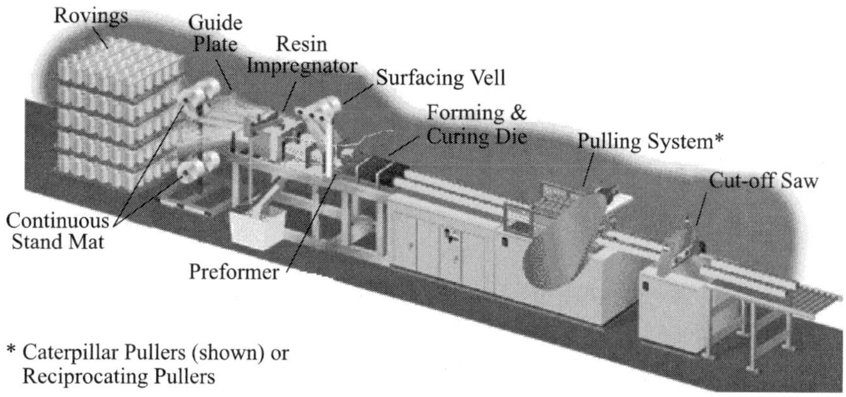

▲ 그림 5.7 **인발성형 제조 방법**

스트랜드 로빙과 매트 위에는 열가소성 폴리에스터로 된 표면을 매끄럽게 하는 층(Surfacing Veil)을 덮게 된다. 이와 같이 혼합된 재료들은 예열이 된 여러 단계의 금형 내부를 통과하며, 이때 섬유가 균일하게 배열되면서 여분의 수지를 짜내게 된다. 마지막의 성형과정은 점차 좁혀지는 금형 내에서 이루어지며, 이렇게 제조된 복합 신소재를 적당한 길이로 자르게 된다. 금형의 입구는 수지가 너무 빨리 경화하는 것을 방지하기 위하여 수냉시키는 경우가 많으며, 금형의 나머지 부분은 전기나 기름 히터 등을 사용하여 가열하게 된다.

2) 필라멘트 와인딩 제조법

필라멘트 와인딩 공정에서는 많은 수의 섬유가 실패로부터 풀려서, 액체의 수지, 촉매 Catalyst, 염료와 자외선 흡수제 등이 섞여 있는 수지통 Resin Bath 속을 통과한다. 제조공정은 그림 5.8과 같이 보여 진다. 섬유의 장력은 실패와 수지통 사이의 섬유안내기 Fiber Guide에 의하여 조절된다. 수지통에서 빠져나온 로빙 Roving 은 수지 닦는 장치 Resin Wiping Device 로 여분의 수지를 닦아낸 후, 캐리지 Carriage 에서 넓게 펼쳐진 후 맨드럴 Mandrel 에 감기게 된다. 필라멘트 와인딩 제조 방법에서 수지의 함유량은 섬유의 장력과, 수지를 닦는 장치에서 수지를 닦아내는 정도에 관련된다.

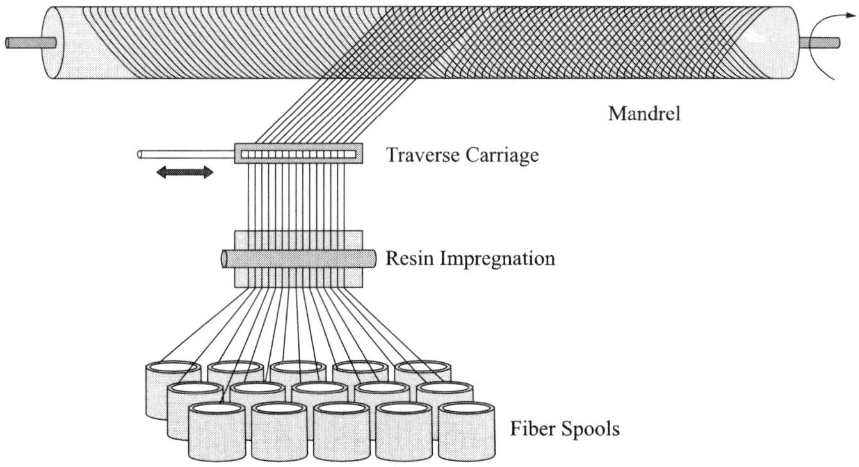

▲ 그림 5.8 **필라멘트 와인딩 제조 방법**

3) RTM 제조법

RTM에서는, 수지가 함침이 안 된 상태의 스트랜드 매트나, 짠 로빙 Woven Roving, 또는 천을 두 개로 된 금형의 아래 금형 위에 놓고 위의 금형을 덮은 후, 촉매가 들어 있는 액체 수지를 금형의 중앙에 위치한 스프류 Sprue를 통하여 사출하여, 경화시키게 된다. RTM에서 사용하는 압력은 69～690 kPa(10～100 psi)이며, 수지가 금형을 채우면서, 금형내부에 있는 공기가 통기구 구멍을 통하여 빠져 나가게 되고, 수지는 섬유에 함침되게 된다. 수지와 촉매의 선정에 따라서, 경화는 상온에서 일어나거나 혹은 고온에서 일어나게 할 수도 있다. 금형에서 꺼낸 제품은 정확한 치수를 맞추기 위하여 다듬질을 필요로 한다. 평평한 섬유강화 플라이 Ply를 사용하는 대신에, RTM에서는 원하는 형상의 모양과 거의 같은 프리폼 Preform을 사용할 수가 있다. 이 프리폼은 미리 성형된 스트린 위에 길이가 12.7～76.2 mm인 장섬유를 뿌려서 만든다. 섬유와 같이 뿌려진 결합재 Binder는 미리 성형된 모양을 유지하는 역할을 한다. 프리폼을 사용하는 이점은 깊은 구멍 같은 부분이 있는 복잡한 모양을 쉽게 성형할 수 있으며, RTM 공정에서 가장 많은 인력이 요구되는 다듬질을 필요로 하지 않는다는 것이다.

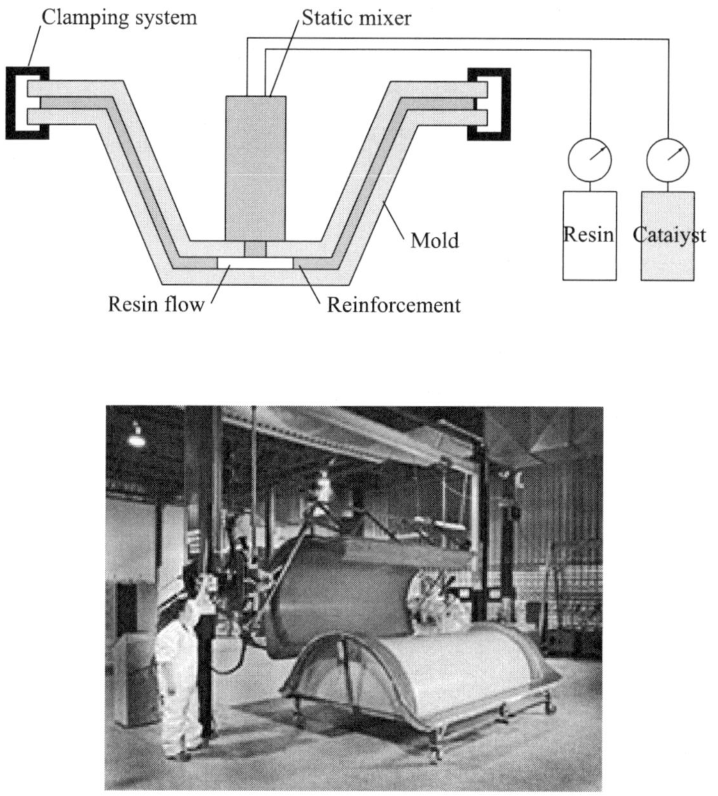

▲ 그림 5.9 **RTM 제조 방법**

압축성형 공정에 비하여 RTM은 매우 낮은 공구비용 Tooling Cost 을 필요로 하며, 매우 간단한 금형 체결 장치 Mold Clamping Device 를 필요로 한다.

일반적으로 금형을 체결하기 위하여 래칫 Ratchet 이나, 볼트, 너트 등을 사용하면 된다. RTM 공정의 또 한 가지 이점은 금속 리브, 보강재와 기타 삽입물 등을 금형 내에 넣은 채로 제조를 할 수 있다는 것이다.

4) SMC 제조법

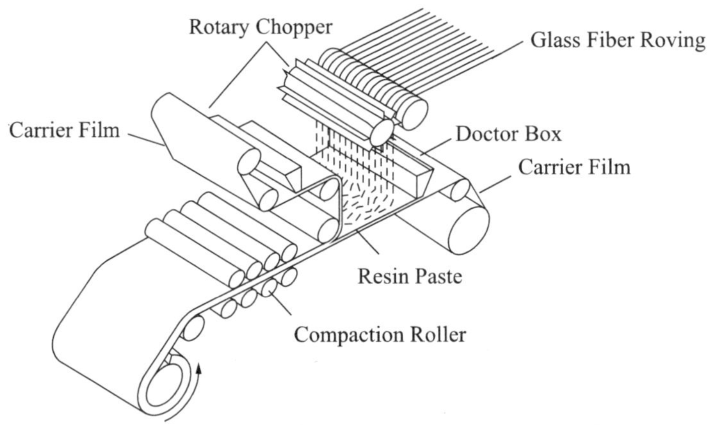

SMC PRESS

SMC 원료재단

SMC 원료투입

SMC 판넬 생산(탈형공정)

SMC 판넬 보온작업

SMC 판넬 적제

▲ 그림 5.10 **SMC 제조 방법**

SMC는 섬유와 광물성 충진제 Filler 가 열경화성 수지에 함침 되어 있는 연속적인 복합 판재로 이 재료는 금형에서 그대로 성형시킬 수가 있다. 수지는 경화가 되지 않은 상태에 있으나, 매우 점도가 높은 상태, 즉 증점된 상태에 있다. SMC는 압축성형공정에 의하여 경화 혹은 가교 Cross-linking 과정에 의하여 제품으로 완성된다. SMC는 복잡한 형상의 제품을 비교적 짧은 성형시간에 제조하기 위하여 사용된다.

5) 압축성형 제조법

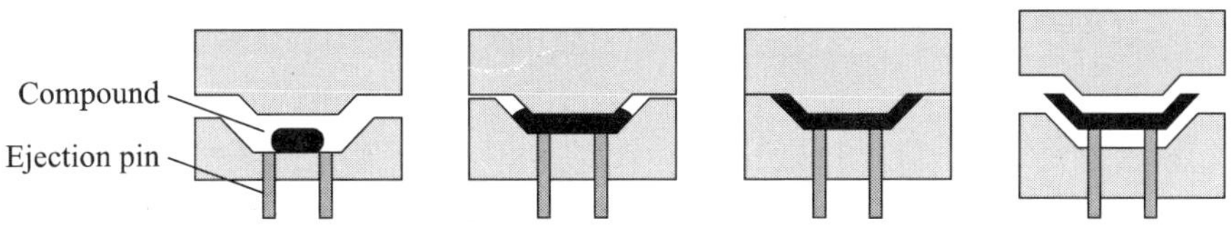

(a) Compound (b) Close cavity (c) Heating, Curing (d)

SMC 등 열경화성 수지의 성형에 사용

(1) 동작

(a) 원료장전 : 놓는 위치에 따라 압축시 유동 형태가 달라지고 섬유배향이 달라져 최종 제품의 성능에 큰 영향을 준다.

(b) 폐형 : 금형 상판을 하강시켜 재료를 압축 유동시킨다.

(c) 경화 : 금형내 원료가 충분히 퍼진 후 금형 내의 전열로 일정온도 유지

(d) 제품 취출

▲ 그림 5.11 **압축성형 제조 방법**

압축성형 공정은 자동차 등에 많이 사용되는 SMC를 매치드 몰드 Mached Mold 에서 성형하는 데 주로 사용된다. 압축성형 공정의 이점은 짧은 시간에 복잡한 형상의 제품을 만들 수 있으며, 여러 가지 구멍, 보스, 리브, 플랜지 등을 삽입하여 일체로 성형할 수 있다는 장점이 있다. 따라서 드릴링이나, 접합공정 같은 것이 단축되게 된다.

5. 복합신소재의 시험기준

1) 국내외 시험기준

복합신소재를 구성하는 섬유와 기지 그 자체로서는 역학적 성질이 균질한 재료로 알려져 있다. 그러나 역학적 성질이 전혀 다른 두 재료의 합성으로 만들어지는 복합신소재는 그 제조 방법, 첨가제, 작업자의 숙련도 및 장비, 제작 환경 등에 따라 그 역학적 물성이 기존의 콘크리트나 강재 등이 갖는 불확실성에 비해 상당히 큰 것이

현실이다. 따라서 기존재료의 설계에서와는 다르게 복합신소재의 설계에서는 기본 역학적 물성을 시험을 통해 파악하여야 한다. 또한 설계된 단면의 검증을 위해서도 반드시 재료시험이 수반되어야 한다.

복합신소재는 이미 항공, 우주, 국방 분야에서 사용되어 왔던 재료로서 선진국들을 중심으로 그 시험방법들이 상당히 구체적으로 잘 정립되어 있다. 따라서 세계의 각국은 자체 재료시험기준들을 가지고 있으며, 그 기본적 개념은 유사함을 알 수가 있다. 참고로 선진각국의 기준을 살펴보면, 국제표준규격인 ISO, 미국의 ASTM, 영국의 BS, 캐나다의 CSA, 독일의 DIN, 일본의 JIS 그리고 한국의 KS 기준 등이 있다. 복합신소재의 기본적인 역학적 성질을 추정하기 위한 실험은 개략 인장, 압축, 전단, 휨의 4가지 정도로 분류할 수 있으며 각국의 복합신소재 시험기준은 다음 표 5.5와 같다.

각국에서 규정하고 있는 시험규정은 시편의 크기, 재하속도 등에서 다소의 차이는 보이고 있으나, 그 차이는 크지 않고 전반적으로 거의 유사한 시험방법을 채택하고 있다. 복합신소재의 재료시험을 통하여 다음과 같은 재료의 역학적 특성들을 추정하고 있다.

표 5.5 **각국의 복합신소재 시험기준**

구분	시험코드			
	인장시험	압축시험	휨 시험	전단시험
ISO(국제표준)	527-5	14126	14125	14129
ASTM(미국)	D3039	D3410	D790	D5379 (v-notch) D3518
BS(영국)	EN 2782	EN ISO 14126	EN 2562	EN 14129
JIS(일본)	K7054	K7018	K7017	K7079
KS(한국)	F2241	F2248	F2242	F2248

① 복합신소재의 종방향(섬유방향) 재료특성

- 종방향 인장강도 및 인장탄성계수
- 종방향 압축강도 및 압축탄성계수
- 종방향 포아송비
- 전단강도 및 전단탄성계수
- 휨강도

② 복합신소재의 횡방향(섬유와 직각방향) 재료특성

- 횡방향 인장강도 및 인장탄성계수
- 횡방향 압축강도 및 압축탄성계수

일반적인 복합신소재 시험 중 건설구조물에 복합신소재의 적용시 중요한 역할을 하는 인장, 압축, 전단 그리고 휨 시험방법은 다음 그림 5.12~5.15와 같은 제원에 따른다.

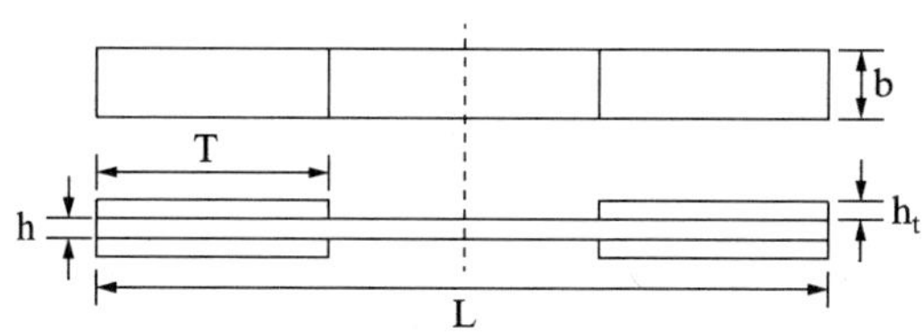

▲ 그림 5.12 **인장강도 시험시편의 제원**

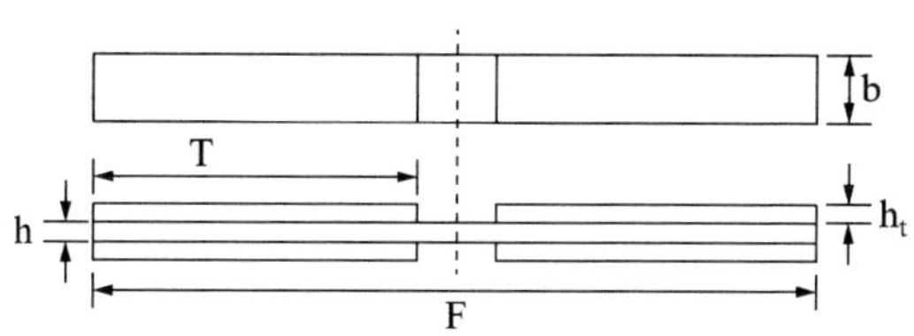

▲ 그림 5.13 **압축강도 시험시편의 제원**

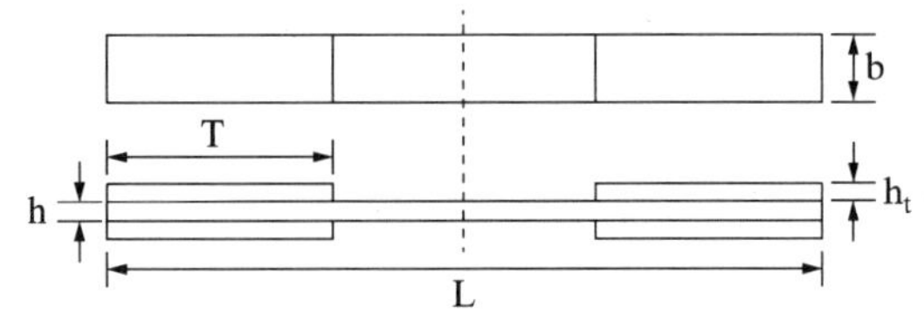

▲ 그림 5.14 **전단강도 시험시편의 제원**

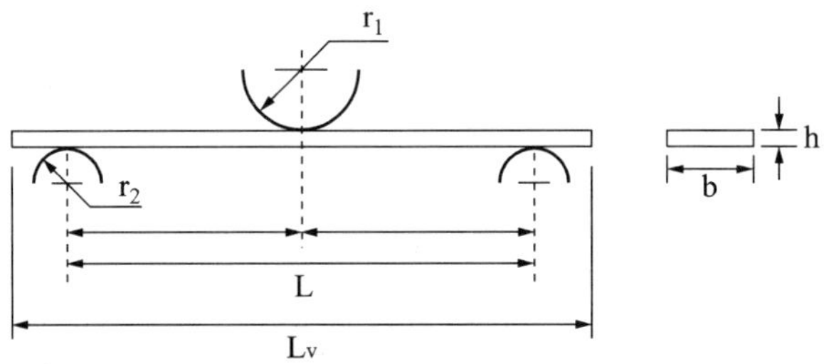

▲ 그림 5.15 **휨강도 시험시편의 제원**

2) 재료시험의 비교 및 분석

복합신소재 시험법에 관련된 국외 기준들을 조사 및 검토한 결과 모든 시험기준이 매우 작은 크기의 시편을 사용하고 있다. 이는 지금까지 복합신소재는 거의 대부분 항공기, 자동차, 스포츠 등의 분야에 국한되어 사용되어 이들 제품에 적합한 시험방법이 개발되었기 때문으로 사료된다. 기존의 시험방법은 항공용 복합신소재에 적합한 시험방법으로 건설구조물에 사용하는 복합신소재에 그대로 적용하기는 다소 어려움이 있다. 참고적으로, 건설구조물에 사용되는 복합신소재는 주로 필라멘트 와인딩 또는 인발성형 제조방식으로 제조된다.

2절
복합신소재의 설계

1. 설계기준

복합신소재는 여러 가지 장점에도 불구하고 토목, 건축 등 일반 건설재료로서의 이용은 아직 초보 단계에 있다. 그 주된 원인은 등방성 Isotrophy 인 일반 건설재료와 달리 비등방성 Anisotrophy 인 복합신소재의 이론이 일반 설계기술자에게는 너무나 어렵다. 그리고 아직까지 국내에서는 건설기술자를 위한 설계지침서 등이 제정되어 있지 않다. 그러나 이미 부분적으로 건설 분야에 복합신소재로 만든 구조물들이 적용되는 현실을 감안할 때 설계지침서와 같은 설계기준 마련에 앞서 건설기술자들이 쉽게 활용할 수 있는 복합신소재를 이용한 구조 설계 자료의 제시가 요구되고 있다. 물론, 건설구조물에 활용되는 복합신소재를 위한 설계기준과 시방서가 1980년대 이후 지속적으로 개발되어 왔다. 복합신소재 관련 설계기준 및 시방서는 복합신소재를 건설구조물에 활용하기 시작한 역사가 짧으므로 사용 초기에는 기존 교량의 보강차원에서 활용하다가 점차 신설교량의 철근이나 프리스트레스트 콘크리트의 긴장재를 대체하는 내부 보강재로 그 영역을 넓혔으며, 최근에 들어서 교량의 주 구조부재인 바닥판, 주형 및 교각 등에 복합신소재를 적극적으로 사용하려는 노력이 진행되고 있다. 전 세계적으로 수많은 전문기관에서는 복합신소재 설계기준 및 시방서 마련을 위한 위원회를 조직하여 활용하고 있다(표 5.6, 5.7 참조). 대부분이 보강재로 사용되는 복합신소재에 대한 것이 주류를 이루고 있다. 향후 주 구조부재로서의 복합신소재에 대한 체계화된 설계기준이 제정되어야 한다.

표 5.6 복합신소재 설계기준 및 시방서 위원회

Organizations	Committees
American Concrete Institute(ACI)	440 : Composites for Concrete 440C : State-of-the-Art-Report 440D : Research 440E : Professional Education 440F : Repair 440G : Student Educatios 440H : Reinforced Concrete(Rebar) 440I : Prestressed Concrete(Tendon) 440J : Structural Stay-in-Place Formwork 440K : Material Characterization 440L : Durability
American Society of Civil Engineers(ASCE)	Structural Composites and Plastics(SCAP)
American Society for Testing and Materials (ASTM)	ASTM D20.18.01 : FRP Materials for Concrete ASTM D20.18.02 : Pultruded Profiles ASTM D20.18.03 : Composites for Civil Engineering
American Association of State Highway and Transportation Officials(AASHTO)	Committee on Bridge and Structures, T-21 : FRP Composites
International Federation of Structural Concrete(FIB)	Task Group on FRPs
Canadian Society of Civil Engineers(CSCE)	Advanced Composites Materials for Bridge and Structures
Japan Society of Civil Engineers(JSCE)	Research Committee on Concrete Structures with Externally Bonded Continuous Fiber Reinforcing Materials
TransPortation Research Board(TRB)	A2C07 : FRP Composites

표 5.7 복합신소재 보강재 관련 시방서

국가	제 목	발간주체 및 발간연도
일본	Recommendation for Design and Construction of Conrete Structures Using Continuous Fiber Reinforcing Materials	JSCE, 1977
	Guideline for Structural Design of FRP-Reinforced Concrete Buildings in Japan	JSCE, 1993
	Design Methods for Prestressed FRP-Reinforced Concrete Building Structures	JSCE, 1993
	Proposed Design and Construction Guidelines for Retrofitting of Reinforced Concrete Piers Using Carbon(Aramid) Fiber Sheets by the Japan Road Association	JSCE, 1996
	Design and Construction Guideline for Retrofitting of Railway Viaduct Column Using Carbon(Aramid) Fiber Sheets by the Railway Technical Research Institute	JSCE, 1996
캐나다	Canadian Highway Bridge Design Code Section 16 "Fiber Reinforced Concrete"	CSA, 2000
	Design and Construction of Building Components with FRP in 2002	CSA, 2002
미국	FRP Reinforcement	ACI Committee 440, 1991
	Guide for the Design and Construction of Concrete Reinforced with FRP bars	ACI Committee 440, 2001
	Guide for the Design and Construction of Externally Bonded FRP Systems for Strengthening Concrete Structures	ACI Committee 440, 2001
유럽	Externally Bonded FRP Reinforcement for RC Structures	FIB Task Group 93
	Interim Guidance on the Design of Reinforced Concrete Structures Using Fiber Composite Reinforcement	The Institute of Structural Engineers, UK, 1999

▲ 그림 5.16 **각국의 복합신소재 설계기준 및 시방서 종류**

2. 재료설계

복합신소재는 모재인 매트릭스Matrix 또는 수지Resin와 보강재인 섬유Fiber로 구성되어 있다. 이렇게 구성된 것을 Lamina라 부른다. 섬유는 복합신소재에 구조강성 및 강도를 전달하기 위해 사용된다. 섬유의 선택은 복합신소재에서 필요로 하는 특성에 의해서 결정된다. 복합신소재의 강도, 강성 그리고 탄성계수의 특성은 섬유함유량, 사용된 수지 그리고 섬유 배열 방향에 의해서 결정된다. 복합신소재의 가장 큰 장점 중의 하나는 섬유배열을 통해 부재의 물성을 사용자의 요구대로 설계tailoring design할 수 있다는 것이다. 섬유는 복합신소재에 구조강성 및 강도를 전달하기 위해 사용된다. 섬유의 선택, 보강형태의 상세 및 복합신소재에 행해지는 보강과정의 선택은 복합신소재에서 필요로 하는 특성에 의해서 결정된다. 또한 복합신소재의 강도, 강성 그리고 응력-변형률 특성은 섬유 함유량, 사용된 수지 그리고 외력에 대한 섬유 방향의 함수이다. 현재 국내에서 구조용 부재로 사용되어지는 섬유는 강도특성 및 가격 경쟁력이

우수한 유리섬유가 널리 사용되어지고 있다. 복합신소재 부재해석과 설계를 위해서 복합신소재의 구성 재료인 섬유와 수지의 재료 특성을 파악한 후 그 재료들을 선택하여야 한다. 복합신소재의 물성은 섬유의 분포나 배열에 따라 크게 좌우된다. 재료 물성을 추정하는 방법에는 재료역학적인 방법인 혼합법과 변분의 원리를 이용한 방법 등이 있으나, 일반적으로 섬유와 수지의 함량에 따라 계산되는 혼합법을 많이 이용하여 Lamina의 재료물성을 유도한다. 섬유와 수지의 함량에 대한 무게비, 섬유와 수지의 부피비로 다음과 같은 식(1)을 이용하여 물성 값을 유도한다.

$$V_f = \frac{\frac{w_f}{\rho_f}}{\left\{ \frac{w_f}{\rho_f} + \frac{w_m}{\rho_m} \right\}} \tag{1a}$$

$$V_m = 1 - V_f \tag{1b}$$

여기서, V_f, V_m는 섬유와 수지의 부피비, w_f, w_m는 섬유와 수지의 무게비를 나타낸다. 그리고 ρ_f, ρ_m는 섬유와 수지의 비중을 나타낸다. 혼합법을 이용하여 계산되는 Lamina의 재료물성은 다음 식(2)을 이용하여 계산할 수 있다.

$$E_1 = E_f V_f + E_m V_m \tag{2a}$$

$$E_2 = \frac{1}{\left\{ \frac{V_f}{E_f} + \frac{V_m}{E_m} \right\}} \tag{2b}$$

$$G_{12} = \frac{1}{\left\{ \frac{V_f}{G_f} + \frac{V_m}{G_m} \right\}} \tag{2c}$$

$$v_{12} = v_f V_f + v_m V_m \tag{2d}$$

여기서, E_f, E_m는 섬유와 수지의 탄성계수, G_f, G_m는 섬유와 수지의 전단탄성계수, v_f, v_m는 섬유와 수지의 포아송비를 나타낸다.

3. 적층설계(laminate design)

복합신소재는 레진과 섬유로 구성되어 있어 재료설계가 중요하다. 재료설계에 있어서 가장 중요한 요구사항 중 하나가 원하는 구조부재 두께를 계산하기 위해서 사용하는 레진과 섬유재료의 중량과의 관계이다. 선택하는 각 재료의 중량에 대한 두께의 값으로부터 섬유가 레진에 함침된 Lamina의 두께를 계산할 수 있다. 표 5.8은 현재 국내에서 생산되어지는 유리섬유를 이용한 Lamina의 적층형태를 나타내고 있다. 표에서 보듯이, Lamina의 적층형태는 섬유방향인, 섬유직각방향 그리고 섬유사선방향으로 일반적으로 나타낼 수 있다. 표 5.8의 Lamina를 사용하여 설계자는 복합신소재 구조부재의 두께에 맞추어 섬유방향의 다양한 형태의 적층설계를 설계할 수 있다. 복합신소재의 물성은 섬유의 분포나 배열에 따라 크게 좌우된다.

표 5.8 Lamina의 적층형태

	Layer Construction			
Uniaxial	L series	0°	T series	90°
Biaxial & Double Bias	LT series	0° 90°	DS series	+45° −45°
Triaxial	DBL series	0° +45° −45°	DBT series	+45° 90° −45°
Quadriaxial	DBLT series	0° +45° 90° −45°		

재료물성을 추정하는 방법에는 재료역학적인 방법인 혼합법 rules of mixture 과 변분의 원리를 이용한 방법 등이 있으나, 주로 섬유와 수지의 함량에 따라 계산되는 혼합법을 이용하여 Lamina의 재료 물성을 유도하고 한다. 복합신소재의 물성은 섬유의 분포나 배열에 따라 크게 좌우된다.

4. 단면설계

복합신소재구조 설계는 재료설계와 적층설계를 한 후 대상구조물 부재의 구조해석과 단면설계를 통해 이뤄진다. 복합신소재구조의 설계는 처짐이 설계의 주요 제한사항이 되고 있다. 건설구조물용으로 많이 사용되는 복합신소재의 GFRP Glass Fiber Reinforced Polymer 는 콘크리트나 강재와 달리 비등방성 anisotropic 재료이면서 강성이 낮아 동일한 하중에 대하여 처짐이 크게 발생한다. 일반적으로, 다른 건설재료 구조물과 달리 복합신소재 구조물은 재료의 응력-변형률 거동에서 항복점 후 어떠한 연성거동을 보인 후 파괴에 이르지 않는다. 따라서 설계자는 이점을 충분히 고려하여, 복합신소재 구조물이 극한한계상태에 이르기 전에 충분한 파괴예고 warning of failure 가 되도록 설계되어야 한다. 일반 건설재료와 달리 복합신소재는 비등방성인 관계로 복합신소재구조 해석과 설계에 대한 전문프로그램을 사용하여야 한다. 복합적층과 적층구조물요소의 해석과 설계를 위해 개발된 컴퓨터 해석프로그램을 주로 사용하는데, 프로그램은 적층구조물의 복잡한 역학적 거동으로 인해 설계자가 적절한 목적에 따라 모델링을 하여서 사용해야 할 것이다.

5. 접합설계

1) 개요

복합신소재는 기존의 등방성 재료에 비하여 비강성(E/ρ ; E는 재료의 영율, ρ는 재료의 밀도) 및 비강도(S/ρ ; S는 재료의 강도)가 높을 뿐만 아니라 감쇠 Damping 특성과 충격특성이 우수하기 때문에 초기에는 우주 항공 산업에 제한적으로 이용되어 왔다. 1970년대에 발생한 에너지 파동 이후 산업계 전반에 에너지 절약의 개념이 부각되면서 복합신소재는 자동차, 로봇 팔 및 공작기계 등의 다양한 분야에 응용되기 시작하였고, 복합신소재로 이루어진 구조물의 효율성은 약간의 예외적인 경우를 제외하고는 구조물 자체보다는 접합부에 의해서 결정되어지기 때문에, 복합신소재 접합부의 설계는 매우 중요한 연구 분야이다. 접합방법에는 기계적 접합 Mechanical Joining 과 접착제에 의한 접합 Adhesive Joining 으로 크게 분류할 수 있는데 각각의 장·단점을 열거하면 다음과 같다.

① 기계적 접합

- 피접합물을 파괴하지 않은 상태로 보수나 부속품을 대치하기 위하여 쉽고 빠르게 분해할 수가 있다.
- 표면처리가 거의 필요 없다.
- 접합의 질 Joining Quality 을 검사하기가 쉽다.
- 피접합물에 구멍을 가공하므로 연속된 섬유를 끊거나 복합신소재의 강도를 저하시킨다.
- 조인트 주위에 높은 응력집중 Stress Concentration 현상을 발생시키며, 이것은 피접합물의 파괴를 가져올 수가 있다.
- 구조물의 무게를 증가시킨다.
- 부식 Corrosion 문제를 야기할 수가 있다.

② 접착제 접합

- 기계적인 접합법에 비하여 넓은 면적에 하중을 분포시킨다.
- 구멍가공이 필요 없다.

- 구조물의 무게를 거의 증가시키지 않는다.
- 얇은 피접합물을 접합시킬 수가 있다.
- 밀봉 Sealing 효과를 기대할 수 있으며, 열과 전기의 부도체 역할을 할 수 있다.
- 기계적 접합법에 비하여 뛰어난 피로저항을 가지고 있으며, 감쇠나 소음을 줄이는 효과도 우수하다.
- 피접합물을 부수거나 손상을 입히지 않고는 분해하기가 어렵다.
- 사용온도, 습도 및 다른 주위 환경에 의하여 영향을 받을 수가 있다.
- 접합의 질을 검사하기가 어렵다.
- 접착제의 두께, 피접합물의 표면조도가 조인트의 정적강도 및 피로강도에 영향을 미친다.

2) 기계적 접합

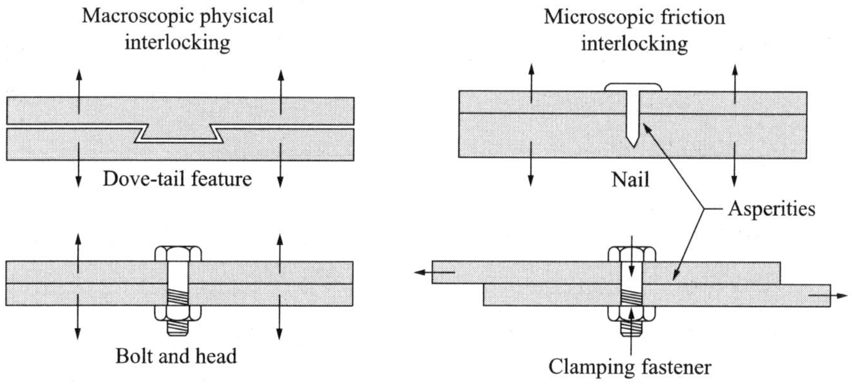

▲ 그림 5.17 **기계적 접합의 예**

기계적인 접합은 피접합물에 구멍을 가공한 후, 볼트나 핀 혹은 리벳을 사용하여 체결을 한다. 또한 구멍을 가공하지 않은 상태에서 압력을 가하여 압력체결 Press Fit 을 사용하여 접합을 하기도 한다. 그림 5.17은 기계적 접합에 대한 예를 나타낸 것이다.

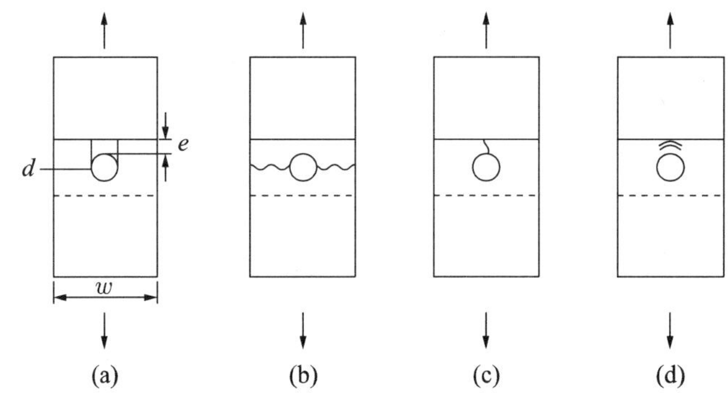

▲ 그림 5.18 **기계적 접합의 파괴 형태**

기계적인 조인트의 강도는 피접합물의 가장자리까지의 거리와 볼트 구멍 직경의 비(e/d), 피접합물의 너비와 볼트구멍의 직경의 비(w/d) 및 피접합물의 두께와 볼트 구멍의 직경의 비(t/d)에 관련된다. 여러 개의 볼트로 체결한 조인트는 구멍 사이의 간격과 조인트의 위치가 중요하다. 기계적인 조인트의 파괴 형태는 전단파괴, 인장파괴, 분할파괴 Cleavage Failure 및 베어링 파괴로 나눌 수가 있다.

조인트의 설계관점에서 보면 베어링 파괴가 다른 파괴보다 바람직하다. 그러나 (e/d)와 (w/d)의 값이 매우 크지 않으면 베어링 파괴를 기대하기가 어렵다.

일반적으로 피접합물이 모두 $0°$ 섬유로 되어 있지 않은 경우에 $(e/d) > 3$이고 $(w/d) > 6$이면 전단 및 인장 파괴를 피할 수가 있다. 전단파괴를 방지하기 위하여 필요한 피접합물의 가장자리까지의 길이(e)는 피접합물의 가장자리의 두께를 증가시키거나 금속 심 Shim 을 박아서 감소시킬 수가 있다. 현재까지 이와 같은 기계적인 조인트의 설계변수는 대부분 실험적으로 규명되고 있다. 기계적인 조인트의 강도는 조인트 주위의 응력집중을 감소시키는 방법으로 증가시킬 수가 있다. 조인트 주위의 응력집중을 감소시키는 방법의 설명으로서, 탄소섬유와 같이 강성이 높은 재료로 된 피접합물의 조인트 주위를 유리섬유와 같이 강성이 낮은 재료로 대치함으로써 응력집

중을 감소시킬 수가 있다. 또한, 조인트 주위의 피접합물 적층순서 Stacking Sequence를 바꾸어서, 피접합물의 강성을 낮춘다. 예를 들면, $[0_2/\pm45]_{4S}$와 같은 적층판의 경우에 조인트 주위는 적층순서를 $[\pm45]_{4S}$로 하여 피접합물의 강성을 낮춘다. 기계적인 접합을 위한 피접합물의 구멍은 기계적인 가공에 의하거나, 성형 시에 미리 만들 수가 있으나, 성형에 의하여 구멍을 만들면, 방향이 틀린 섬유나 혹은 수지가 과다한 영역이 구멍 주위를 둘러싸거나, 봉합선 Knit Line 등이 생길 염려가 있으므로 기계적인 가공에 의하여 구멍을 만드는 것이 바람직하다. 복합신소재의 구멍을 가공하는 방법은 드릴을 사용하는 방법이 가장 쉬우나, 적당한 가공속도, 예리한 공구와 고정을 사용하지 않으면 복합신소재의 손상을 가져올 수가 있다. 드릴 작업시 복합신소재 밑에 얇은 알루미늄 판 등을 받쳐서 함께 드릴링하면 복합신소재 밑면의 층간분리를 방지할 수가 있다. 드릴링된 면의 표면조도와 손상 정도는 기계적인 조인트의 피로수명에도 영향을 미친다.

3) 접착제 접합

접착제를 사용하는 접합의 목적에는 구조물의 접합과 비구조물의 접합 등 2가지 형태로 나눌 수 있다. 구조물의 접합일 경우에는 피접합물의 항복점 근처까지의 강도를 이용할 수 있을 정도의 충분한 강도를 갖는 접착제가 요구되지만 기밀 Sealing, 전기절연, 진동감쇠 등의 목적으로 사용되는 비구조물의 접합에서는 접착제의 강도는 별로 중요하지 않게 된다. 접착제에 의한 접합강도는 접착제의 종류, 접착제의 두께, 접합길이, 피접합물의 강성 및 표면조도에 의하여 영향을 받는다. 따라서 좋은 성능을 갖는 접착 조인트를 해석하고 설계 제작하는 일은 매우 어려운 과제이다. 접착제에 의한 조인트 중에서 가장 간단하면서도 많이 사용되는 조인트는 Single-lap 조인트이다. 단, Single-lap 조인트는 제조가 간단하나, 비대칭으로 하중이 작용하기 때문에 휨 하중을 받게 되어, 접합부분의 끝단에 인장력인 Peel 응력을 받는다.

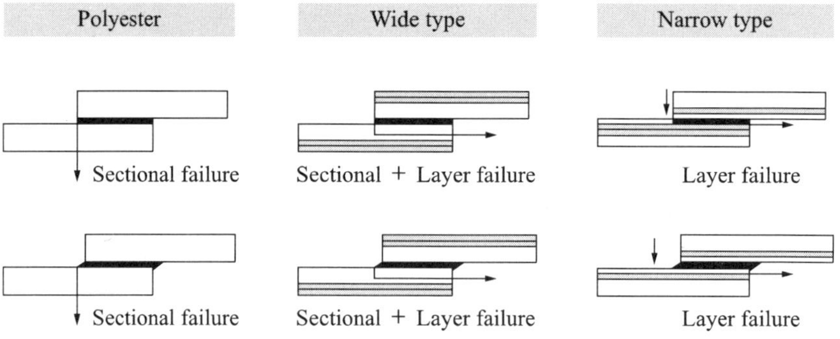

▲ 그림 5.19 **접착제 접합의 예**

이 Peel 응력은 접착제와 피접합물의 경계면에서 파괴를 발생시키는 원인이 되기 때문에 접합강도를 저하시킨다. 이와 같은 단점을 보완하고자 Double-lap 조인트가 강도를 높이기 위하여 사용된다. 접착제의 끝 부분에서는 피접합물과 접착제와의 강성의 차이 때문에 응력집중 현상이 발생하며, 이를 줄이기 위하여 Stepped-lap 조인트와 Scarf 조인트 등이 사용된다.

그러나 피접합물이 복합신소재인 경우에 Scarf를 가공하는 것이 쉽지 않으며, Scarf 끝 부분의 강도가 약하기 때문에 제일 먼저 파괴가 발생한다. 따라서 조인트의 전체강도가 떨어질 수 있으므로 이 점을 주의하여야만 한다. 접착제를 사용하여 조인트를 제작하기 위해서는 여러 가지 장비들이 필요하다. 이들 장비는 조인트 제작에 사용하는 접착제의 경화를 위해 필요한 온도와 시간을 유지시켜줄 수 있어야 하며, 접착제가 경화하는 동안에 발생하는 화학적 반응으로 인하여 발생할 수 있는 미소기포를 제거하여, 우수한 접착 특성을 얻기 위한 진공 백 시스템을 사용하거나, 조인트 전체에 균일한 고압을 가해줄 수 있는 기능을 갖추는 것이 필요하다. 가장 많이 사용하는 장비로는 Hot Press와 Autoclave를 들 수 있다.

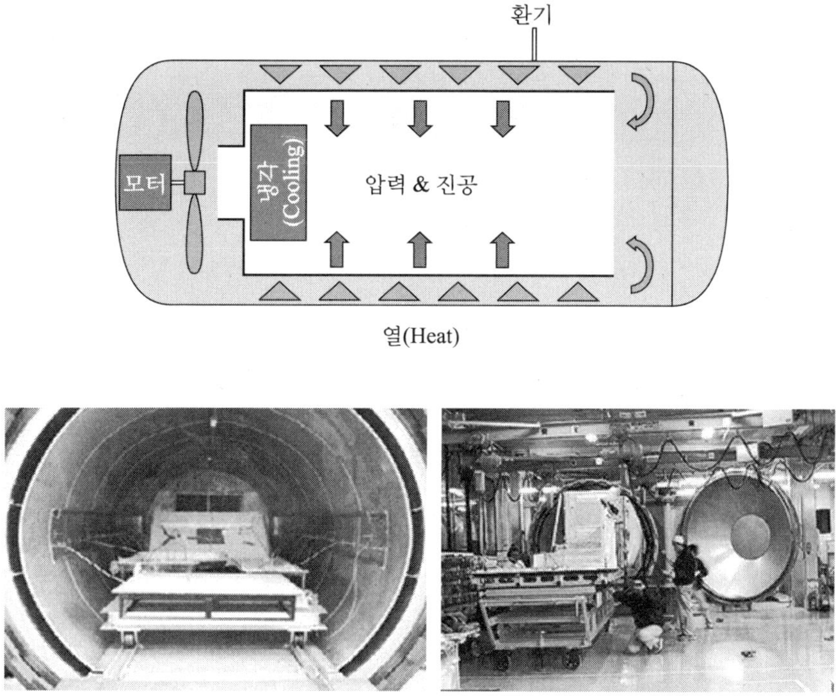

▲ 그림 5.20 **Hot Press와 Auto Clave 성형 장비의 모습**

6. 구조해석

1) 복합신소재 역학적 이론 및 거동특성

복합신소재의 역학을 취급하는 방법에는 미시적Micro 방법과 거시적Macro 방법이 있는데, 미시적 방법은 복합신소재 각 층Laminar or Ply 내의 섬유Fiber와 모재Matrix를 구별하여 각각에 걸리는 응력과 변형률을 계산하는 방법이다. 거시적 방법은 각 층 내의 섬유와 모재를 구별함이 없이, 두 물질의 성질이 완전히 혼합되어 평균 성질을 나타낸다고 가정하고 응력과 변형률을 계산하는 방법이다.

① 적층 이론

- 일반보 이론

고전적인 보의 베르누이-오일러 Bernoulli-Euler 이론으로부터 등방성 재료를 갖고 연직하중을 받는 일반보에 대한 처짐 미분방정식은 다음과 같은 식 (3)으로 표현할 수 있으며, 여기서는 일반적으로 전단변형을 무시한다.

$$EI\frac{\partial^4 w}{\partial x^4} + P\frac{\partial^2 w}{\partial x^2} = q(x) \tag{3}$$

- 적층보 이론

복합신소재를 갖는 보에 대한 처짐 미분방정식은 다음 식 (4)와 같이 나타낼 수 있다. 일반보의 EI 대신에 bD_{11}를 적용한 것이다.

$$bD_{11}\frac{\partial^4 w}{\partial x^4} = q(x) \tag{4}$$

② 적층판 이론

판의 직교좌표계를 $\{X,\ Y,\ Z\}$로 나타내고, 전단변형을 고려하기 위하여 중립면으로부터 거리가 Z만큼 떨어져있는 점의 X축 및 Y축 방향의 변위 u_1, u_2는 중립면에서의 변위 u_o, v_o와 두께 방향의 3차식으로 나타낸다. 직교좌표계를 갖는 판의 임의점(x, y, z)에서의 변위를 식 (5)와 같이 나타낼 수 있다.

$$u_1 = u_o + z\left\{\phi_x - \frac{4}{3}\left(\frac{z}{h}\right)^2\left[\phi_x + \frac{\partial w_o}{\partial x}\right]\right\}$$

$$u_2 = v_o + z\left\{\phi_y - \frac{4}{3}\left(\frac{z}{h}\right)^2\left[\phi_y + \frac{\partial w_o}{\partial y}\right]\right\}$$

$$u_3 = w_o \tag{5}$$

여기서 u_1, u_2, u_3는 판의 임의점의 X, Y, Z 방향 변위이며, u_o, v_o, w_o는 $z=0$인 판의 중립면상의 임의점의 변위이고, ϕ_x, ϕ_y는 X 및 Y 방향의 중립면에 수직인 선분의 회전각을 나타내며 (u_o, v_o, w_o, ϕ_x, ϕ_y)는 (x, y)의 함수이다. 미소변형이론에 의하여 3차원 탄성체의 변형도-변위 관계식에서 고차항을 무시하고, 판에 수직인 변형도를 무시하면 식 (6)과 같은 판의 변형도-변위 관계식을 구할 수 있다.

$$\varepsilon_x = u_{1,x} = \varepsilon_x{}^o + z \cdot \left(\kappa_x{}^o + z^2 \cdot \kappa_x^2\right)$$

$$\varepsilon_y = u_{2,y} = \varepsilon_y{}^o + z \cdot \left(\kappa_y{}^o + z^2 \cdot \kappa_y^2\right)$$

$$\varepsilon_z = u_{3,z} = 0$$

$$\varepsilon_{xy} = u_{1,y} + u_{2,x} = \varepsilon_{xy}{}^o + z \cdot \left(\kappa_{xy}{}^o + z^2 \cdot \kappa_{xy}{}^2\right)$$

$$\varepsilon_{xz} = u_{1,z} + u_{3,x} = \varepsilon_{xz}{}^o + z^2 \cdot \kappa_{xz}{}^2$$

$$\varepsilon_{yz} = u_{2,z} + u_{3,y} = \varepsilon_{yz}{}^o + z^2 \cdot \kappa_{yz}{}^2 \tag{6}$$

X축과 θ만큼 기울어져 있는 k번째 플라이-앵글 ply-angle 을 갖는 판의 k번째 층의 재료 축에 대한 응력-변형도 관계는 식 (7)과 같다.

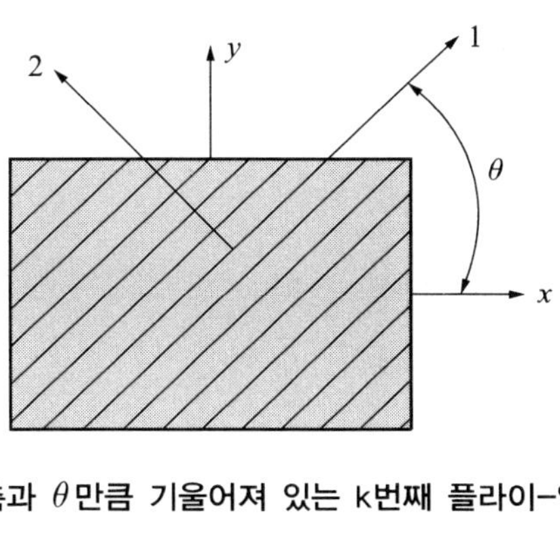

▲ 그림 5.21 X축과 θ만큼 기울어져 있는 k번째 플라이-앵글(ply-angle)

$$\sigma = \begin{pmatrix} \sigma_1 \\ \sigma_2 \\ \sigma_{12} \end{pmatrix} = \begin{bmatrix} Q_{11} & Q_{12} & Q_{16} \\ Q_{21} & Q_{22} & Q_{26} \\ Q_{16} & Q_{26} & Q_{66} \end{bmatrix} \begin{pmatrix} \varepsilon_1 \\ \varepsilon_2 \\ \gamma_{12} \end{pmatrix} \tag{7}$$

여기서는 Q_{ij} 화이버 보강방향이 재료축에 일치된 경우의 공학상수이다. Q_{ij}를 탄성계수, 프아송비, 전단탄성계수로 표시하면 다음 식 (8)과 같다.

$$Q_{11} = \frac{E_{11}}{(1 - v_{12} v_{21})}$$

$$Q_{12} = \frac{(v_{12} E_{11})}{(1 - v_{12} v_{21})} = \frac{v_{21} E_{11}}{(1 - v_{12} v_{21})} \tag{8}$$

$$Q_{22} = \frac{E_{22}}{(1 - v_{12} v_{21})}$$

$$Q_{11} = G_{12}$$

여기서 E_1 및 E_2는 단층 Lamina 의 1방향과 2방향의 탄성계수이고, v_{12} 및 v_{21}은 포아송비이며, G_{12}, G_{23}는 단층 Lamina 의 전단탄성계수이다.

X축과 θ만큼 기울어져 있는 k번째 플라이-앵글 ply-angle 을 갖는 판의 k번째 층의 구조축 structural axis 에 대한 응력-변형도 관계는 재료축의 강도를 좌표 변환하여 표시하면 식 (9)와 같다.

$$\sigma = \begin{pmatrix} \sigma_x \\ \sigma_y \\ \sigma_{xy} \end{pmatrix} = \begin{bmatrix} \overline{Q}_{11} & \overline{Q}_{12} & \overline{Q}_{16} \\ \overline{Q}_{21} & \overline{Q}_{22} & \overline{Q}_{26} \\ \overline{Q}_{16} & \overline{Q}_{26} & \overline{Q}_{66} \end{bmatrix} \begin{pmatrix} \varepsilon_x \\ \varepsilon_y \\ \gamma_{xy} \end{pmatrix} \tag{9}$$

여기서, $\overline{Q}_{ij}$는 구조 좌표계에 대한 탄성계수이며 그 값은 다음 식 (10)과 같다.

$$\overline{Q}_{11} = \cos^4\theta Q_{11} + 2\cos^2\theta\sin^2\theta(Q_{12} + 2Q_{66}) + \sin^4\theta Q_{22}$$

$$\overline{Q}_{12} = \overline{Q}_{21} = \cos^2\theta\sin\theta^2(Q_{11} + Q_{22} - 4Q_{66}) + (\cos^4\theta + \sin^4\theta)Q_{12}$$

$$\overline{Q}_{22} = \sin^4\theta Q_{11} + 2\cos^2\theta\sin^2\theta(Q_{12} + 2Q_{66}) + \cos^4\theta Q_{22}$$

$$\overline{Q_{16}} = \cos^3\theta\sin\theta(Q_{11} - Q_{12}) + \cos\theta\sin^3\theta(Q_{12} - Q_{22}) - 2\cos\theta\sin\theta(\cos^2\theta - \sin^2\theta)Q_{66}$$

$$\overline{Q_{26}} = \cos\theta\sin^3\theta(Q_{11} - Q_{12}) + \cos^3\theta\sin\theta(Q_{12} - Q_{22}) - 2\cos\theta\sin\theta(\cos^2\theta - \sin^2\theta)Q_{66}$$

$$\overline{Q_{66}} = \cos^2\theta\sin\theta^2(Q_{11} + Q_{22} - 2Q_{12} - 2Q_{66}) + (\cos^4\theta + \sin^4\theta)Q_{66} \tag{10}$$

두께 h를 갖는 판의 내력은 식 (11)과 같이 각 응력을 두께에 대하여 적분하여 구할 수 있다.

$$(N_i, M_i) = \int_{-\frac{h}{2}}^{\frac{h}{2}} \sigma_i(1, z)dz(i = x, y)$$

$$(Q_x) = \int_{-\frac{h}{2}}^{\frac{h}{2}} \sigma_{xz}\,dz$$

$$(Q_y) = \int_{-\frac{h}{2}}^{\frac{h}{2}} \sigma_{yz}\,dz \tag{11}$$

식 (11)에 응력－변형도 관계식과 변형도－변위 관계식을 대입하여 정리하면 단면력－변위 관계식 (12)로 표시할 수 있다.

$$\begin{pmatrix} N_x \\ N_y \\ N_{xy} \\ M_x \\ M_y \\ M_{xy} \end{pmatrix} = \begin{bmatrix} A_{11} & A_{12} & A_{16} & B_{11} & B_{12} & B_{16} \\ A_{12} & A_{22} & A_{26} & B_{12} & B_{22} & B_{26} \\ A_{16} & A_{26} & A_{66} & B_{16} & B_{26} & B_{66} \\ B_{11} & B_{12} & B_{16} & D_{11} & D_{12} & D_{16} \\ B_{12} & B_{22} & B_{26} & D_{12} & D_{22} & D_{26} \\ B_{16} & B_{26} & B_{66} & D_{16} & D_{26} & D_{66} \end{bmatrix} = \begin{pmatrix} \varepsilon_x \\ \varepsilon_y \\ \gamma_{xy} \\ \kappa_x \\ \kappa_y \\ \kappa_{xy} \end{pmatrix} \quad (12)$$

$$\begin{Bmatrix} Q_x \\ Q_y \end{Bmatrix} = \begin{bmatrix} A_{55}\, A_{45} \\ A_{54}\, A_{44} \end{bmatrix} \begin{Bmatrix} \varepsilon_x \\ \varepsilon_y \end{Bmatrix}$$

여기서, [A]는 면내력 강도, [B]는 휨－면내력 복합강도, [D]는 휨강도를 나타내며 다음 식 (13)과 같이 나타낼 수 있다.

$$A_{ij} = \sum_{n=1}^{N} \int_{Z_n}^{Z_{n+1}} \overline{Q_{ij}}\, dz$$

$$B_{ij} = \sum_{n=1}^{N} \int_{Z_n}^{Z_{n+1}} \overline{Q_{ij}}\, z\, dz$$

$$D_{ij} = \sum_{n=1}^{N} \int_{Z_n}^{Z_{n+1}} \overline{Q_{ij}}\, z^2\, dz \quad (13)$$

변형에너지(U)와 외력에 의한 일(V)을 고려한 전체 포텐셜 에너지 원리를 적용하면 식 (14)와 같다.

$$\delta \int_0^t (-U + V)\, dt = \delta \int_0^t (-\Pi)\, dt = 0 \quad (14)$$

식 (14)를 부분 적분하여 정리하면 식 (15)와 같은 평형방정식을 얻을 수 있다.

$$\frac{\partial N_x}{\partial x} + \frac{\partial N_{xy}}{\partial y} = 0$$

$$\frac{\partial N_{xy}}{\partial x} + \frac{\partial N_y}{\partial y} = 0$$

$$\frac{\partial \overline{Q_x}}{\partial x} + \frac{\partial \overline{Q_y}}{\partial y} + \frac{\partial}{\partial x}\left(N_{xx}\frac{\partial u_3}{\partial x} + N_{xy}\frac{\partial u_3}{\partial y}\right)$$

$$+ \frac{\partial}{\partial y}\left(N_{xy}\frac{\partial u_3}{\partial x} + N_{yy}\frac{\partial u_3}{\partial y}\right) = 0$$

$$\frac{\partial M_x}{\partial x} + \frac{\partial M_{xy}}{\partial y} - Q_x = 0$$

$$\frac{\partial M_{xy}}{\partial x} + \frac{\partial M_y}{\partial y} - Q_y = 0 \qquad (15)$$

③ 파괴이론

- 개요

복합신소재의 파괴이론은 복합신소재의 특성 때문에 매우 복잡하고 어렵다. 복합신소재의 파괴기준에 대한 주제는 최근 30~40년 사이 많은 연구자에 의해서 연구되어 왔다. 많은 연구에 의한 수많은 이론들이 있지만, 일반적으로 통용되는 파괴기준이 없다는 것이다. 그림 5.22는 1996년에 AIAA American Institute of Aeronautics and Astronautics에서 조사한 복합신소재 파괴기준의 사용현황을 나타낸 것이다. Maximum Strain 기준이 30%, Maximum Stress 기준이 22%, Tsai-Hill 기준이 17%, Tsai-Wu 기준이 12% 사용되고 있다. 이와 같이 사용자 및 재료의 특징 등에 의해서 복합신소재의 파괴기준을 다르게 사용하고 있다. 비록 15년 전의 조사이지만, 현재도 비슷하게 파괴기준을 사용하는 것으로 판단되며, 다만 보다 진일보한 Hashin 및 Puck의 파괴기준의 사용이 늘어나고 있다. 복합신소재의 파괴기준은 등방성 재료와 비교해 볼 때, 이론 및 적용이 어렵고, 통용되는 파괴이론이 없어, 결함 및 취약 부위를 판단하기가 쉽지 않다.

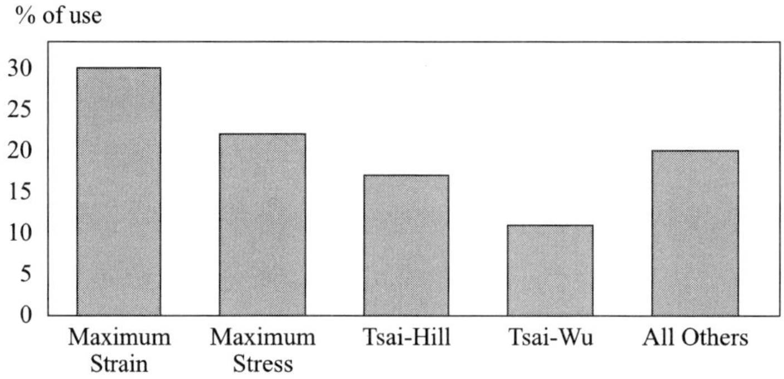

▲ 그림 5.22 Results of AIAA composites failure criteria survey

복합신소재의 파괴기준을 크게 3가지 즉, 한계기준Limit Criteria, 상호기준Interactive Criteria, 분리모드기준Separate Mode Criteria으로 구분할 수 있으며, 각각 장단점을 가지고 있다. 가장 손쉽게 적응할 수 있는 파괴이론은 한계기준인 Maximum Stress Theory와 Maximum Strain Theory이지만, 한계기준의 단점으로는 각각 응력들의 상호관계를 고려할 수 없다는 데 있으며, 보수적인 기준이다. 상호기준인 Tsai-Hill, Tsai-Wu 파괴기준은 각각 응력들의 상호관계를 고려할 수는 있지만, 파괴기준식이 하나의 식으로 표현되기 때문에 파괴모드를 직접적으로 예측할 수 없다는 단점이 있다. 이에 비해 분리모드기준은 한계기준 및 상호기준의 장점을 살린 기준이다. 즉, 분리모드기준인 Hashin, Puck 파괴기준은 파괴모드를 예측할 수 있으며, 각각 응력들의 상호관계를 고려할 수 있다. 하지만, Hashin 기준 역시 넘어야 될 과제가 많이 있다. Hashin의 기본 개념을 발전 및 확립한 Puck 기준이 최근 각광을 받고 있다. 이론의 타당성이 검증되고 많은 실험을 통하여 다른 기준보다 그 우수성이 입증되고 있다. 복합신소재의 파괴기준은 등방성 재료와 비교해 볼 때, 이론 및 적용이 어렵고, 통용되는 파괴이론이 없어, 결함 및 취약 부위를 판단하기가 쉽지 않다. 이에 본 장에서는 복합신소재 파괴기준들을 간단하게 소개함으로서, 복합신소재의 안전성 검토에 도움을 주고자 한다.

- 파괴기준

복합신소재 파괴기준의 이해를 돕기 위한 것으로 Puck 이론을 제외하고 평면응력상태(2-D)로 가정하여 기술하고자 한다. 평면응력상태에서 재료의 강도는 표 5.9와 같다. 또한, 파괴모드는 표 5.10과 같이 정의될 수 있다. 모드 1은 섬유fiber 파괴모드를, 모드 2, 3은 모재matrix의 파괴모드를 나타낸다. 파괴기준을 3가지 그룹 즉, 한계기준Limit Criteria, 상호기준Interactive Criteria, 분리모드기준Separate Mode Criteria으로 분류하여 설명하기로 한다.

표 5.9 복합신소재에서 재료강도
(The material strength in a composite system)

Symbols	Description
X_T and X_C	tensile and compressive strengths, respectively, in fiber direction(1-axis)
Y_T and Y_C	tensile and compressive strengths, respectively, in transverse direction(perpendicular to fibers, 2-axis)
S	shear strength

* For a strain based analysis, the corresponding failure strains are $X_{T\epsilon}$, $X_{C\epsilon}$, $Y_{T\epsilon}$, $Y_{C\epsilon}$ and S_ϵ

표 5.10 평면응력상태에서 파괴강도(Modes of failure in 2-D criteria)

Mode	Description
Mode 1	Fiber Breakage : longitudinal stress(σ_1) or longitudinal strain(ϵ_1) dominates lamina failure
Mode 2	Transverse Matrix Cracking : transverse stress(σ_2) or transverse strain(ϵ_2) dominates lamina failure
Mode 3	Shear Matrix Cracking : shear stress(τ_{12}) or shear strain (γ_{12}) dominates lamina failure

– 한계기준(Limit Criteria)

이 기준은 응력 σ_1, σ_2, τ_{12}(또는 변형률 ϵ_1, ϵ_2, γ_{12})과 대응되는 강도를 비교함으로서 파괴강도 및 파괴모드를 결정하는 방법이다. 표 5.11과 같이 Maximum Stress와 Maximum Strain 기준이 있으며, 응력 또는 변형률 사이의 상호작용이 고려되지 않는다. 그림 5.23은 전형적인 한계기준 Limit Criteria 의 파괴포락선을 나타낸 것이다. 섬유방향, 모재방향, 전단의 성분들이 서로 관계가 없음 Non-interactive 을 알 수 있다. Maximum Strain의 파괴포락선은 Maximum Stress의 파괴포락선과 비슷하나, 약간 비스듬하게 skew 경사져 있다. 이러한 차이는 프아송비(ν_{12})에 영향이며, ν_{12}가 클수록 경사가 커지며 프아송비가 0이면, 2개의 파괴기준은 동일하다. 또한, 보통 복합신소재에서 $\nu_{12} \gg \nu_{21}$이기 때문에, 수직방향(σ_2)으로 더욱 경사지게 된다. 복합신소재에서 응력과 변형률의 관계는 식 (1)로 표현되며, 재료 변형률강도는 식 (2)와 같다. 또한, 프아송비 ν_{21}은 식 (3)으로부터 구할 수 있다.

$$\epsilon_1 = \frac{\sigma_1}{E_1} - \frac{\nu_{12}}{E_1}\sigma_2$$

$$\epsilon_2 = \frac{\sigma_2}{E_2} - \frac{\nu_{21}}{E_2}\sigma_1 \tag{1}$$

$$\gamma_{12} = \frac{\tau_{12}}{G_{12}}$$

표 5.11 한계기준(Limit Criteria)

	Maximum Stress	Maximum Strain
Fiber(Mode 1)	$\frac{\sigma_1}{X_T} \geq 1$ or $\frac{\lvert\sigma_1\rvert}{X_C} \geq 1$	$\frac{\epsilon_1}{X_{T\epsilon}} \geq 1$ or $\frac{\lvert\epsilon_1\rvert}{X_{C\epsilon}} \geq 1$
Matrix(Mode 2)	$\frac{\sigma_2}{Y_T} \geq 1$ or $\frac{\lvert\sigma_2\rvert}{Y_C} \geq 1$	$\frac{\epsilon_2}{Y_{T\epsilon}} \geq 1$ or $\frac{\lvert\epsilon_2\rvert}{Y_{C\epsilon}} \geq 1$
Shear(Mode 3)	$\frac{\lvert\tau_{12}\rvert}{S} \geq 1$	$\frac{\lvert\gamma_{12}\rvert}{S_\epsilon} \geq 1$
Characteristic	• Non-interactive	• Failure Mode : O

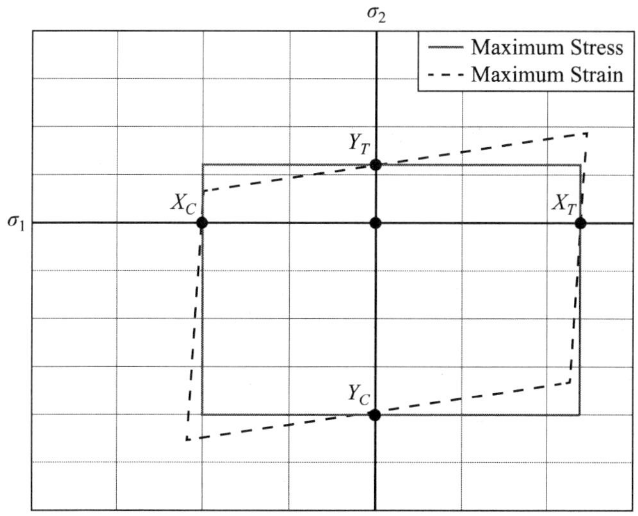

▲ 그림 5.23 **전형적인 한계기준의 파괴포락선**

$$
\begin{aligned}
X_{T\epsilon} &= \frac{X_T}{E_1} \\
X_{C\epsilon} &= \frac{X_C}{E_1} \\
Y_{T\epsilon} &= \frac{Y_T}{E_2} \\
Y_{C\epsilon} &= \frac{Y_C}{E_2} \\
S_\epsilon &= \frac{S}{G_{12}}
\end{aligned} \tag{2}
$$

$$
\frac{\nu_{12}}{E_1} = \frac{\nu_{21}}{E_2} \tag{3}
$$

– 상호기준(Interactive Criteria)

이 기준은 하나의 2차식 또는 고차의 다항식을 사용함으로서 파괴강도를 결정하는 방법이다. Tsai and Wu가 제안한 일반적인 2차 다항식의 형태는 식 (4)와 같고 전단응력의 부호를 무시하고 $(F_4 = F_5 = F_6 = 0)$, 2-D기준으로 한정하면 식 (5)와 같다.

$$F_i\sigma_i + F_{ij}\sigma_i\sigma_j \geq 1$$
$$i,j = 1,2,3,\cdots,6 \tag{4}$$
$$(\sigma_4 = \tau_{23},\ \sigma_5 = \tau_{31},\ \sigma_6 = \tau_{12})$$

$$F_1\sigma_1 + F_2\sigma_2 + F_{11}\sigma_1^2 + F_{22}\sigma_2^2 + 2F_{12}\sigma_1\sigma_2 + F_{66}\tau_{12}^2 \geq 1 \tag{5}$$

식 (5)에서 파라미터 F_i, F_{ij}의 변화에 의해, Tsai-Hill, Tsai-Wu, Azzi-Tsai, Hoffman, Chamis 등 많은 이론들이 된다. 대표적인 Tsai-Hill, Tsai-Wu 기준이 표 5.12와 같으며, 식 (5)와 같이 하나의 식으로 표현되기 때문에 파괴모드를 예측할 수 없다. 다만, 응력과 강도의 비를 비교함으로서 간접적으로 파괴모드를 예측할 수는 있다.

표 5.12 **상호기준(Interactive Criteria)**

	Tsai-Hill	Tsai-Wu
F_1	0	$\frac{1}{X_T} - \frac{1}{X_C}$
F_2	0	$\frac{1}{Y_T} - \frac{1}{Y_C}$
F_{11}	$\frac{1}{X_1^2}$ *	$\frac{1}{X_T X_C}$
F_{22}	$\frac{1}{Y^2}$ **	$\frac{1}{Y_T Y_C}$
F_{12}	$-\frac{1}{2X_2^2}$ ***	$-\frac{1}{2\sqrt{X_T X_C Y_T Y_C}}$
F_{66}	$\frac{1}{S^2}$	$\frac{1}{S^2}$
Characteristic	• Interactive	• Failure Mode : △(Indirectly)

Tsai-Hill, Tsai-Wu 기준을 정리하면 각각 식 (6), (7)과 같다.

$$\left(\frac{\sigma_1}{X_1}\right)^2 + \left(\frac{\sigma_2}{Y}\right)^2 - \left(\frac{\sigma_1\sigma_2}{X_2^2}\right) + \left(\frac{\tau_{12}}{S}\right)^2 \geq 1 \tag{6}$$

$$\left(\frac{1}{X_T} - \frac{1}{X_C}\right)\sigma_1 + \left(\frac{1}{Y_T} - \frac{1}{Y_C}\right)\sigma_2 \tag{7}$$

$$+ \left(\frac{\sigma_1^2}{X_T X_C}\right) + \left(\frac{\sigma_2^2}{Y_T Y_C}\right) - \left(\frac{1}{\sqrt{X_T X_C Y_T Y_C}}\right)\sigma_1\sigma_2 + \left(\frac{\tau_{12}}{S}\right)^2 \geq 1$$

그림 5.24는 전단응력 τ_{12}가 0일 때, 전형적인 상호기준 Interactive Criteria 의 파괴포락선을 나타낸 것이다. 이차원적인 응력 상호작용을 허용하기 때문에 파괴포락선은 곡선 형태로 나타난다.

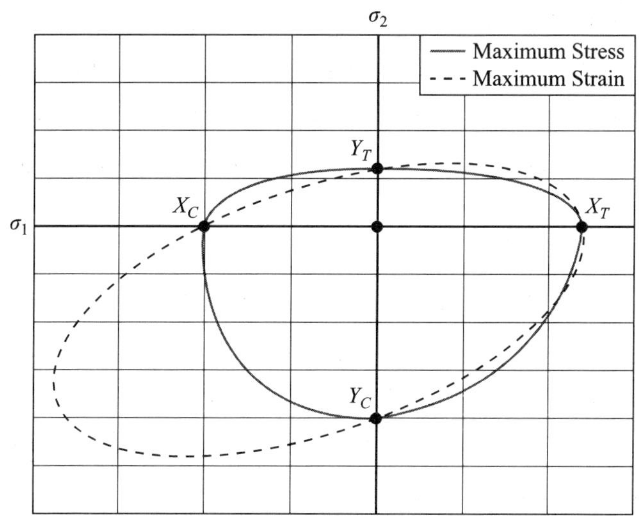

▲ 그림 5.24 **전형적인 상호기준의 파괴포락선**

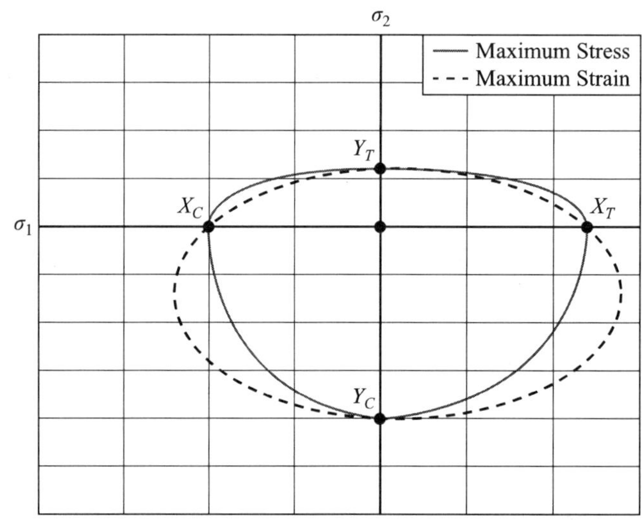

▲ 그림 5.25 **전형적인 상호기준의 파괴포락선**($F_{12}=0$)

Tsai-Wu는 선형적인 항(σ_1, σ_2)을 포함하지만 Tsai-Hill을 오직 이차항만을 포함하기 때문에, 곡선의 형태가 다르다. Tsai-Hill은 찌그러진 달걀모양이며, Tsai-Wu는 비스듬한 타원모양을 나타낸다. 그림 5.25는 $F_{12}=0$일 때를 도시한 것이다. Tsai-Hill은 F_{12}의 영향이 거의 없는 반면, Tsai-Wu는 F_{12}의 영향이 매우 크다는 것을 알 수 있다.

– 분리모드기준(Separate Mode Criteria)

이 기준은 모재 matrix 파괴기준을 섬유 fiber 파괴기준으로부터 분리하여 생각하자는 기준이다. 즉, 한계기준 Limit Criteria 과 상호기준 Interactive Criteria 을 통합한 진일보한 기준이다. Hashin-Rotem, Hashin, Puck 등 다양한 이론들이 있다. Hashin-Rotem과 Hashin의 전형적인 파괴포락선은 전단응력이 없을 경우($\tau_{12}=0$), Maximum Stress의 파괴포락선과 동일함을 알 수 있다. 최근 복합신소재 파괴기준에서 중요시 되는 Puck 이론은 다음절에서 자세히 설명하기로 한다.

표 5.13 **분리모드기준(Separate Mode Criteria)**

	Hashin-Rotem	Hashin
Fiber (Mode 1)	$\frac{\sigma_1}{X_T} \geq 1$ or $\frac{\lvert\sigma_1\rvert}{X_C} \geq 1$	$\left(\frac{\sigma_1}{X_T}\right)^2 + \left(\frac{\tau_{12}}{S}\right)^2 \geq 1$ or $\left(\frac{\lvert\sigma_1\rvert}{X_C}\right) \geq 1$
Matrix (Mode 2)	$\left(\frac{\sigma_2}{Y}\right)^2 + \left(\frac{\tau_{12}}{S}\right)^2 \geq 1$*	$\left(\frac{\sigma_2}{Y}\right)^2 + \left(\frac{\tau_{12}}{S}\right)^2 \geq 1$*
Characteristic	• Interactive	• Failure Mode : O

* $Y = Y_T$ if $\sigma_2 > 0$, $Y = Y_C$ if $\sigma_2 < 0$

– Puck의 파괴기준

외력의 영향에 따라, 구조물의 응력 분포는 변하게 된다. 이러한 응력은 축 응력, 휨 응력 그리고 전단 응력으로 나타나게 되어 그 영향을 정량화하기가 용이하지 않다. 그 영향을 정량화하기 위한 방법으로 복합신소재의 파괴이론이 있다. Puck의 파괴기준은 복합신소재의 섬유 파손fiber failure과 모재 파손inter-fiber failure에 대하여 평가할 수 있는 장점이 있다. Puck의 파손 모델은 표 5.14와 같으며, 그림 5.26은 Puck의 파손기준에 따른 파손 모드를 도식적으로 나타낸 것이다. 그림 5.26(a)와 (b)는 섬유 파손모드Fiber Failure, FF와 섬유 간 파손모드Inter Fiber Failure, IFF를 각각 나타낸다.

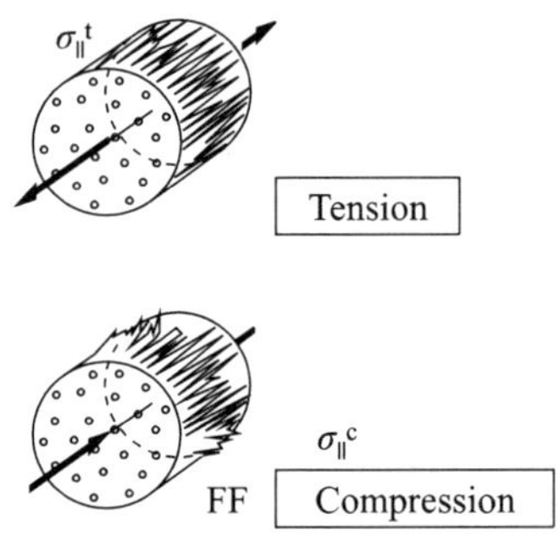

(a) Fiber Failure Modes

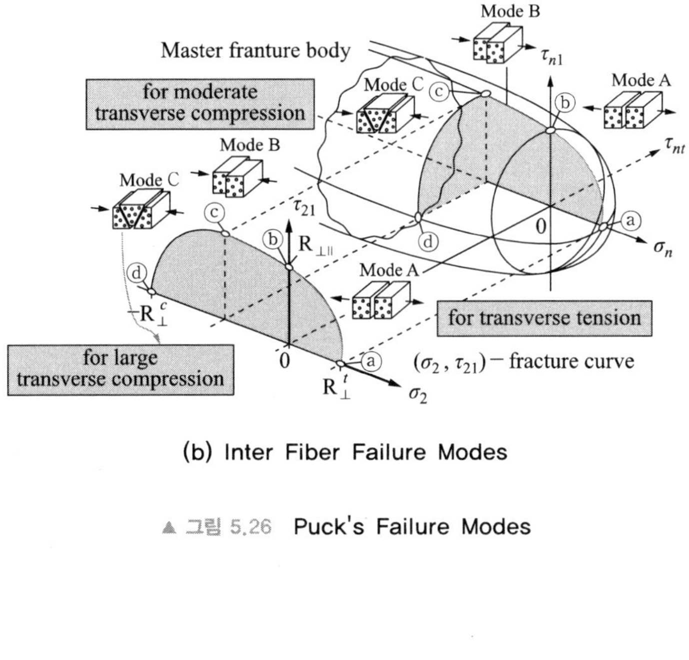

(b) Inter Fiber Failure Modes

▲ 그림 5.26 Puck's Failure Modes

표 5.14 Puck 파괴모델에 의한 파괴조건과 변수

Type of failure	Failure mode	Failure condition	Condition for validity
Fiber failure (FF)	Tensile	$\frac{1}{\epsilon_{1T}}\left(\epsilon_1+\frac{\nu_{f12}}{E_{f1}}m_{\sigma f}\sigma_2\right)=1$	$(\cdots)\geq 0$
	Compression (kinking)	$\frac{1}{\epsilon_{1C}}\left\|\left(\epsilon_1+\frac{\nu_{f12}}{E_{f1}}m_{\sigma f}\sigma_2\right)\right\|=1-(10_{\gamma 21})^2$	$(\cdots)\leq 0$
Inter-fiber fracture (IFF)	Mode A $(\theta_{fp}=0^\circ)$	$\sqrt{\left(\frac{\tau_{21}}{S_{21}}\right)^2+\left(1-p^{(+)}{}_{\perp\parallel}\frac{Y_T}{Y_T}\right)^2\left(\frac{\sigma_2}{Y_T}\right)^2}$ $+p^{(+)}{}_{\perp\parallel}\frac{\sigma_2}{S_{21}}=1-\left\|\frac{\sigma_1}{\sigma_{1D}}\right\|$	$\sigma_2\geq 0$
	Mode B $(\theta_{fp}=0^\circ)$	$\frac{1}{S_{21}}\left(\sqrt{\tau_{21}^2+(p^{-}{}_{\perp\parallel}\sigma_2)^2}+p^{(-)}{}_{\perp\parallel}\sigma_2\right)$ $=1-\left\|\frac{\sigma_1}{\sigma_{1D}}\right\|$	$\sigma_2<D$ and $0\leq\left\|\frac{\sigma_2}{\tau_{21}}\right\|\leq\frac{R^A{}_{\perp\perp}}{\|\tau_{21c}\|}$
	Mode C $\cos\theta_{\tau\sigma}=\sqrt{\frac{f_\omega R^A{}_{\perp\perp}}{(-\sigma_Z)}}$	$\left[\left(\frac{\tau_{21}}{2(1+p^{(-)}{}_{\perp\perp})S_{21}}\right)^2+\left(\frac{\sigma_2}{T_C}\right)^2\right]\frac{Y_C}{(-\sigma_2)}$ $=1-\left\|\frac{\sigma_1}{\sigma_{1D}}\right\|$	$\sigma_2<0$ and $0\leq\left\|\frac{\tau_{21}}{\sigma_2}\right\|\leq\frac{\|\tau_{21c}\|}{R^A{}_{\perp\perp}}$
Definitions*	$p^{(+)}{}_{\perp\parallel}=-\left(\frac{d\tau_{21}}{d\sigma_2}\right)_{\sigma 2}=0$ of $(\sigma_2,\ \tau_{21})$ curve, $\sigma_2\geq 0$ $p^{(-)}{}_{\perp\parallel}=-\left(\frac{d\tau_{21}}{d\sigma_2}\right)_{\sigma 2}=0$ of $(\sigma_2,\ \tau_{21})$ curve, $\sigma_2\leq 0$		
Parameter relationships	$R^A{}_{\perp\perp}=\frac{Y_C}{2(1+p^{(-)}{}_{\perp\perp})}=\frac{S_{21}}{2p^{(-)}{}_{\perp\parallel}}\left(\sqrt{1+2p^{(-)}{}_{\perp\parallel}\frac{Y_C}{S_{21}}}-1\right)$ $p^{(-)}{}_{\perp\perp}=p^{(-)}{}_{\perp\parallel}\frac{R^A{}_{\perp\perp}}{S_{21}}\quad \tau_{21c}=S_{21}\sqrt{1+2p^{(-)}{}_{\perp\perp}}$		

* Subscripts ($\perp$, $\parallel$) mean transverse and longitudinal directions respectively.

2) 간편해석

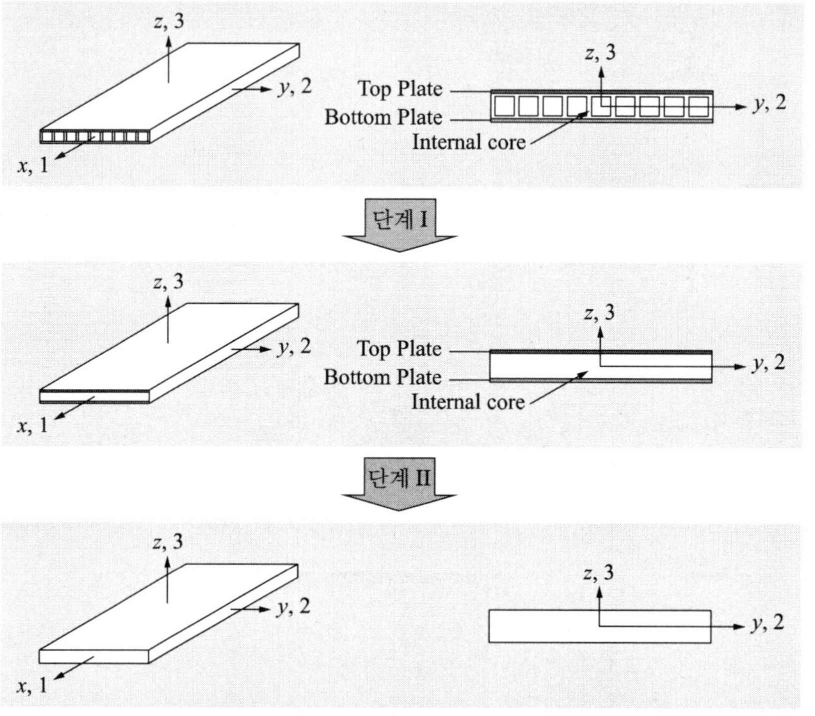

▲ 그림 5.27 **간편해석 개념도**

복합신소재 바닥판은 비등방성 재료로 단면형태가 샌드위치 및 중공형태의 구조이다. 기본 설계단계에서 실제 모델에 대한 해석이 요구되지만 간편 설계를 위해서 탄성 등가 모델링을 이용한 간편 해석 방법이 필요하다. 복합신소재 바닥판은 해석을 위해서 동일한 폭과 두께를 갖는 탄성 등가의 직교이방성판으로 나타낼 수 있다. 본 보고서에서 제시하는 간편 해석 방법은 그림 5.27과 같이 복합신소재 바닥판을 등가 직교이방성판으로 모델링하여 해석하는 방법으로서 단계 I, II를 통하여 동일한 바닥판의 폭과 두께를 가지는 등가 직교이방성판, 즉 1개 층 적층판 laminated plate 으로 모델링하여 간편해석을 할 수 있다. 본 간편 해석방법은 교량 설계자가 쉽게 1개 층의 적층판 이론을 사용하여 해석할 수 있는 장점을 가지고 있다.

본 책에서는 기본설계 단계에서 설계자가 복합신소재 바닥판 단면설계를 위한 간편 해석방법으로 대표적인 샌드위치 및 중공 형태를 갖는 복합신소재 바닥판을 직교이방성 등가직교이방성판으로 변환하시키어 얻은 휨 강성 값을 기반으로 탄성등가모델링을 이용하여 수행하는 방법으로서, 그 간편 해석 예로서 해석과정을 다음과 같이 기술한다.

3) GFRP 복합신소재 바닥판 단면가정

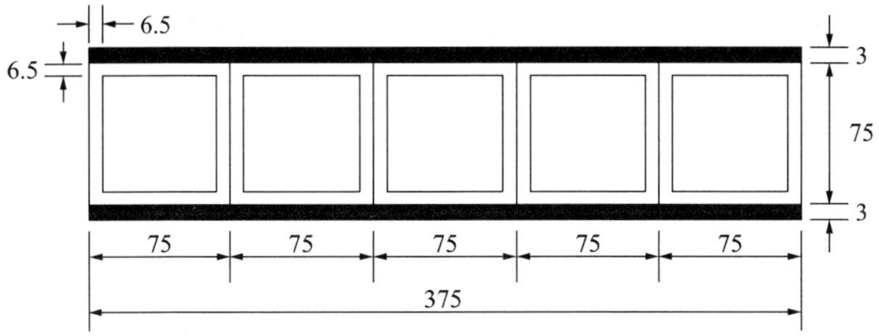

▲ 그림 5.28 **간편해석 복합신소재 바닥판 단면**

인발성형된 중공 튜브 형태를 갖는 복합신소재 바닥판은 플랜지와 웨브 접착부에서 박리 파괴모드와 같은 주요 파괴 양상을 보이고 있다. 본 보고서에서는 이러한 파괴모드를 줄이면서 복합신소재 바닥판 구조성능을 높일 수 있는 바닥판 단면을 고려하였다. 그림 5.28과 같이 인발성형된 GFRP 튜브를 갖는 심재 core 와 GFRP 면재 facing 로 구성된 단면으로 가정한다.

4) 등가직교이방성판 재료적 성질

등가직교이방성판 재료적 성질은 상·하층 면재의 재료적 성질과 심재의 재료적 성질을 계산하여 각각 구한 후 표 5.15와 같은 사용 공식을 이용하여 등가직교이방성판 재료적 성질을 구할 수 있다.

표 5.15 **등가직교이방성판 물성 값**

물성	계산 값	사용공식
E_{11}^{ϵ}	17,097.87 N/mm^2	$E_{11} = a_{UF} \cdot E_{11}^{UF} + a_{core} \cdot E_{11}^{core} + a_{LF} \cdot E_{11}^{LF}$
E_{22}^{ϵ}	834.57 N/mm^2	$E_{22} = a_{UF} \cdot E_{22}^{UF} + a_{core} \cdot E_{22}^{core} + a_{LF} \cdot E_{22}^{LF}$
G_{22}^{ϵ}	1,764.17 N/mm^2	$G_{12} = a_{UF} \cdot G_{12}^{Uf} + a_{core} \cdot G_{12}^{core} + a_{LF} \cdot \nu_{12}^{LF}$
ν_{12}^{ϵ}	0.324	$\nu_{12} = a_{UF} \cdot \nu_{12}^{UF} + a_{core} \cdot \nu_{12}^{core} + a_{LF} \cdot \nu_{12}^{LF}$

표 5.15에서 구간 등가직교이방성판 물성 값을 이용하여 표 5.16과 같은 사용공식을 사용하여 등가직교이방성판의 휨 강성 값을 구할 수 있다.

표 5.16 **등가직교이방성판 휨 강성값**

휨 강성	계산 값	사용공식
D_{11}	84.6×107 $N \cdot$ mm^2	$D_{11} = \frac{h^3}{12} \cdot \frac{E_{11}}{1-\nu_{12}\nu_{21}}$
D_{12}	27.4×107 $N \cdot$ mm^2	$D_{12} = \frac{h^3}{12} \cdot \frac{\nu_{12}E_{11}}{1-\nu_{12}\nu_{21}}$
D_{22}	41.3×106 $N \cdot$ mm^2	$D_{22} = \frac{h^3}{12} \cdot \frac{E_{22}}{1-\nu_{12}\nu_{21}}$
D_{66}	78.1×106 $N \cdot$ mm^2	$D_{66} = \frac{G_{12}h^3}{12}$

5) 등가직교이방성판 해석

상기 표 5.15, 5.16을 사용하여 적층판인 등가직교이방성판에 대한 해석을 할 수 있다.

7. 유한요소해석

1) 요소별 특성분석

현재 복합신소재 구조의 거동해석에 있어서 유한요소해석 방법은 가장 강력한 해석도구로 활용되고 있다. 다음과 같이 요소별 특성분석을 기술한다.

① Brick 요소

복합신소재의 적층특성을 구조해석에 효과적으로 고려하기 위해서 특별한 요소가 사용되어야 한다. 이론적으로는 Brick 요소의 한 층이 복합신소재의 한 층을 나타내는 3차원 벽돌 요소의 사용이 가능하다. 그러나 이 요소를 적용하면 두 가지 면에서 비실용적이다.

첫째로는 Brick 요소를 사용하는 경우, 적층수가 많아지거나 복잡한 단면형상을 이산화하기 위하여 많은 요소가 필요하게 되어 비효율적이다. 둘째로는 상대적으로 두께가 얇은 판의 해석에 Brick요소를 사용하게 되는 경우 Ill-condition 상태의 방정식이 나타날 수 있다. 이러한 이유 때문에 Brick 요소는 복합신소재가 매우 두껍거나 기하구조가 판보다는 Solid와 비슷할 때, 그리고 판의 끝단에서 일어날 수 있는 재료의 3차원 응력장이 존재할 때 사용하는 것이 바람직하다. 응력장의 3차원적인 성질은 일반적으로 두께의 3~5배 정도의 길이를 갖는 짧은 구간에서는 그 효과가 크게 나타난다.

② 4절점 판 Plate 요소

4절점 판 요소는 박판 구조의 평면 내 응력만을 가질 수 있기 때문에 2차원적으로 알려져 있다. 이러한 요소는 평면 판의 평면 내 거동을 모델링하는 복합신소재 해석에 널리 사용되고 있다. 그러나 평면 외부로는 응력과 변위가 모두 0이 되어야 하며 그렇지 않은 경우에는 유효하지 않다. 적층된 복합신소재에서 이는 층의 방향성에 의존한다. 만약 적층방법이 Balanced 되어 있지 않다면 이러한 2차원 요소는 사용될 수 없다.

③ 9절점 쉘 Shell 요소

일반적으로 적층복합신소재의 모델링에는 판과 쉘 요소가 적용된다. 변형률은 쉘의 두께를 따라서는 상수이고 선형 변화의 조합으로 가정되는 일반적인 휨 이론이 사용된다. 이는 쉘의 변형이 쉘의 중립평면의 신장(일정한 변형률 요소)과 회전(선형변형률 요소)으로 정의됨을 뜻한다. 2차원 고체요소와 일반적인 판 요소는 모두 사변형 혹은 삼각형이 될 수 있다. 내부 절점을 가진 요소는 쉘의 휨 거동 예측의 정확도를 높이는 데 유용하게 사용된다. 쉘 이론은 얇은 쉘에 대한 거동을 매우 정확하게 반영할 수 있다. 중립면의 평면에 수직한 방향으로는 모든 응력과 변형률이 0이라고 가정한다. 이러한 이상적인 거동이 적용될 때는 변위와 회전만을 중립평면 요소의 자유도로써 정의한다. 그러나 휨 변형률을 구하기 위하여 수직 변위를 두 번 미분해야 하기 때문에 고전적 Kirchhoff의 이론이 사용된다면 매우 간단한 직사각형 기하구조를 제외하고는 유한요소의 정식화를 유도하는 과정이 복잡하게 된다. 실제 수직 변형률은 판의 윗면과 아랫면에서 0의 값을 나타내므로 두께를 따라서 상수일 수 없으며 일반적으로 두께를 따라 포물선의 형태로 변화한다. 따라서 Mindlin 이론의 수직 전단은 두께를 따르는 평균값을 나타낸다. 얇은 판에 대해서 두께를 따르는 변화의 결과는 2차이며 따라서 평균값은 충분한 정확도를 갖는다. 그러나 두께를 따르는 변화를 고려하기 위해 전단 수정 상수를 적용하여 복합신소재를 이용할 때에는 특별한 주의가 필요하다.

④ 고체 Solid 쉘 Shell 요소

쉘 요소의 또 다른 형태는 고체 쉘 요소이다. 고체 쉘 요소는 고체 요소의 기하학적 정의를 가지고 있지만 쉘의 거동을 한다. 요소는 실제 정식화에 따라 어떠한 절점수라도 가질 수 있지만 두께를 따라 오직 두개의 절점을 지닌다. 고체 쉘 요소는 윗면과 아랫면에 9개의 절점을 가지고 있고 중립면에는 절점이 없는 18절점 요소이며 각 절점은 회전 자유도가 없이 오직 세 개의 평행이동 자유도를

가지고 있다. Mindlin 쉘 요소와 정확히 같은 수의 자유도를 가지고 있다. 요소 평면의 평행이동 변위의 요소는 요소의 신장과 휨 모두를 정의한다. 윗면과 아랫면의 절점 한 쌍의 평균값은 평면 내 신장과 같고 그 차이를 두께로 나눈 값은 중립면의 회전과 같다.

2) 복합신소재 구조 거동해석에 적합한 요소선정

상기에서 언급한 바와 같이 복합신소재 구조 거동해석을 위하여 범용 유한요소해석 프로그램을 사용하는데 있어서 적합한 요소선정이 매우 중요하다. 이미 복합신소재 구조의 거동 실험 결과와 유한요소해석 결과를 비교하여 유한요소 모델링의 적합성을 입증한 사례가 있으므로 유사한 구조체에 대하여 요소를 선정하여 구조해석을 실시하는 것이 타당할 것이다.

3) 복합신소재 구조 유한요소해석 프로그램

복합적층구조물의 해석과 설계를 위해 적합한 유한요소의 선정과 관련하여 적합한 범용 유한요소해석 프로그램을 선별하여 사용해야 한다. 일부 프로그램은 복합신소재의 특성을 반영하지 못한 모듈이 포함되어 있기 때문에 복합신소재 적층이론을 기본으로 하는 상용 프로그램을 선별하여 설계자가 적절한 목적에 따라 사용해야 할 것이다. 복합적층 구조물 해석에 있어, 대표적인 범용 상용프로그램으로 ABAQUS, ANSYS, LUSAS, NASTRAN 등이 있으며, 이들 프로그램의 특성은 서로 유사하며 신뢰성, 편리성 등의 상대적인 차이는 크지 않다.

8. 복합신소재의 시험

1) 시험기준

복합신소재를 구성하는 섬유와 기지 그 자체로서는 역학적 성질이 균질한 재료로 알려져 있다. 그러나 역학적 성질이 전혀 다른 두 재료의 합성으로 만들어지는 복합신소재는 그 제조 방법, 첨가제, 작업자의 숙련도 및 장비, 제작 환경 등에 따라 그 역학적 물성이 기존의 콘크리트나 강재 등이 갖는 불확실성에 비해 상당히 큰 것이 현실이다. 따라서 강재, 콘크리트 등 기존재료의 설계와 달리 복합신소재는 기본 역학적 물성을 시험을 통해 파악하여야 한다. 또한 설계된 단면의 검증을 위해서도 반드시 재료시험이 수반되어야 한다. 복합신소재는 이미 항공, 우주, 국방 분야에서 사용되어 왔던 재료로서 선진국들을 중심으로 그 시험방법들이 상당히 구체적으로 잘 정립되어 있다. 따라서 세계의 각국은 자체 재료시험기준들을 가지고 있으며, 그 기본적 개념은 유사함을 알 수가 있다. 참고로 선진 각국의 기준을 살펴보면, 국제 표준 규격인 ISO, 미국의 ASTM, 영국의 BS, 캐나다의 CSA, 독일의 DIN, 일본의 JIS 그리고 한국의 KS 기준 등이 있다. 복합신소재의 기본적인 역학적 성질을 추정하기 위한 실험은 개략 인장, 압축, 전단, 휨의 4가지 정도로 분류할 수 있으며 각국의 복합신소재 시험기준은 다음 표 5.17과 같다.

표 5.17 각국의 복합신소재 시험기준

구분	시험코드			
	인장시험	압축시험	휨 시험	전단시험
ISO(국제표준)	527-5	14126	14125	14129
ASTM(미국)	D3039	D3410	D790	D5379(v-notch) D3518
BS(영국)	EN 2782	EN ISO 14126	EN 2562	EN 14129
JIS(일본)	K7054	K7018	K7017	K7079
KS(한국)	F2241	F2248	F2242	F2248

각국에서 규정하고 있는 시험규정은 시편의 크기, 재하속도 등에서 다소의 차이는 보이고 있으나, 그 차이는 별로 크지 않고 전반적으로 거의 유사한 시험방법을 채택하고 있다.

2) 재료시험

① 재료시험의 개요

일반적으로 건설용 복합신소재 구조는 주로 인발성형 공정으로 제작되므로 해당 구조체 시제품의 재료적 특성을 평가하기 위하여 제작된 구조체로부터 채취한 시편으로 재료시험을 수행한다. 이를 통해 다음과 같은 재료의 역학적 특성들을 추정하고 있다.

- 복합신소재의 종방향(섬유방향) 재료특성
  - 종방향 인장강도 및 인장탄성계수
  - 종방향 압축강도 및 압축탄성계수
  - 종방향 포아송비
  - 전단강도 및 전단탄성계수
  - 휨강도

- 복합신소재의 횡방향(섬유와 직각방향) 재료특성
  - 횡방향 인장강도 및 인장탄성계수
  - 횡방향 압축강도 및 압축탄성계수

일반적인 복합신소재 시험 중 건설구조물에 복합신소재의 적용시 중요한 역할을 하는 인장, 압축, 전단 그리고 휨 시험방법은 상기 절 다음 그림과 같이 다음 동일한 제원에 따른다.

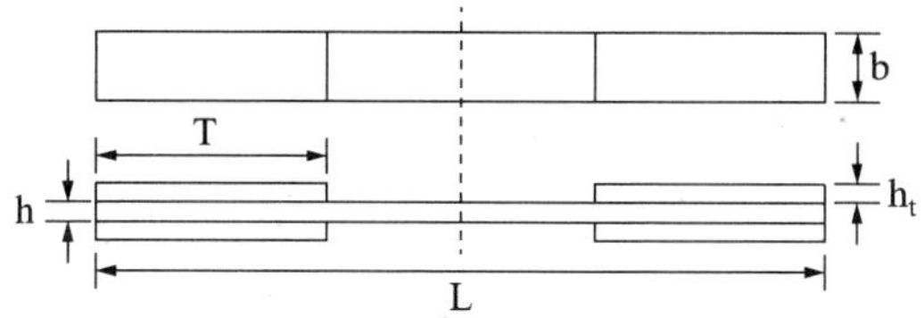

〈인장강도 시험시편의 제원〉

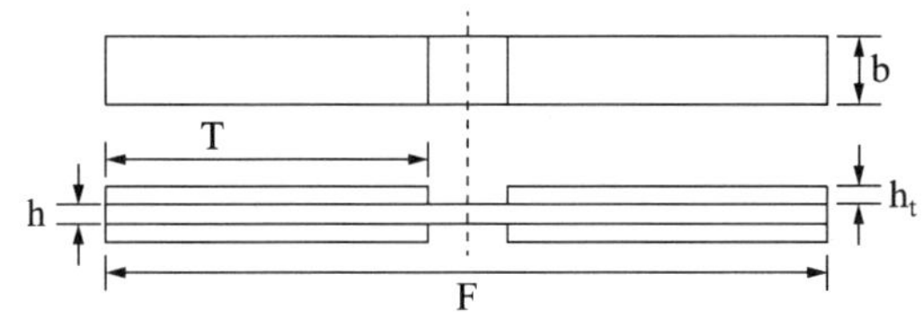

〈압축강도 시험시편의 제원〉

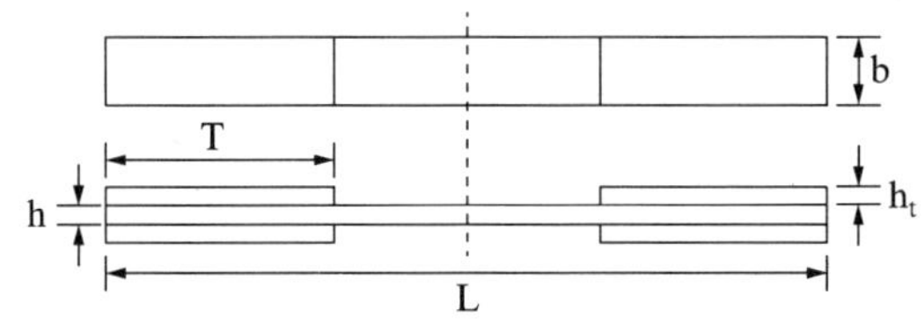

〈전단강도 시험시편의 제원〉

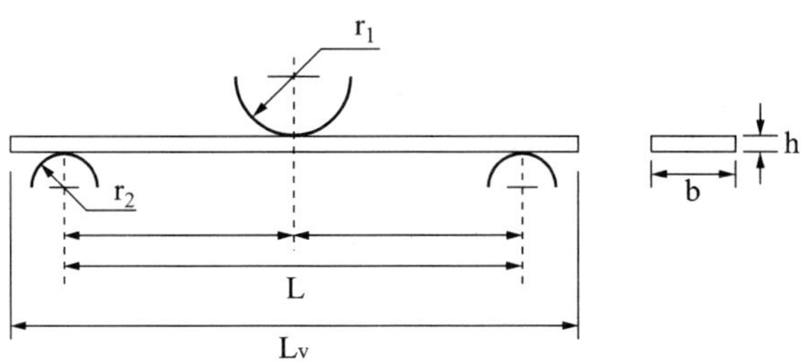

〈휨강도 시험시편의 제원〉

상기와 같은 기계적 특성을 측정하는 시험 외에 복합신소재 구조의 내구특성평가를 위해 물리적 특성을 평가하는 시험을 수행하여야 한다. 주요 물리적 특성 평가시험 항목으로서 열팽창 시험, 촉진 내후성 시험, 내약품성 시험, 내연성 시험 등이 있다. 이러한 시험 및 평가기준은 국내외 시험기준인 KS 시험규격과 ASTM 시험규격을 따르면 될 것이다.

3) 구조성능시험

여러 가지 제작공정으로 제작된 건설용 복합신소재 구조체의 거동 특성을 검증하고 구조 안전성 및 사용성을 평가하기 위하여 일반적으로 구조성능시험을 수행하여야 한다. 대표적인 시험으로 정적

▲ 그림 5.29 **교량용 복합신소재 빔의 정적 및 동적 휨 성능시험 전경**

▲ 그림 5.30 **교량용 복합신소재 바닥판의 정적 및 동적 휨 성능시험 전경**

및 동적 휨 성능시험, 연결부 전단파괴시험, 피로시험, 부착성능시험 등이 있다. 휨 성능시험은 최종 파괴시까지 하중을 재하하여 파괴하중으로부터 휨 내하력을 평가할 수 있다. 주로 하중-변위관계로부터 처짐을 평가하게 된다. 휨 시험체의 전체 파괴모드와 국부적인 손상 파괴모드를 확인할 수 있다. 피로시험은 복합신소재 구조체에 대한 윤하중과 같은 피로영향을 평가하기 위하여 시험을 수행한다.

① 정적 및 동적 휨 성능시험

건설용 복합신소재 구조체의 거동 특성을 검증하고 구조 안전성 및 사용성을 평가하기 위하여 일반적으로 구조성능시험을 수행하며, 대표적인 시험으로 정적 및 동적 휨 성능시험이 있다. 시험방법으로 시험 대상 구조물에 최종 파괴시까지 하중을 재하하여 파괴하중으로부터 휨 내하력을 평가하고 변위계, 변형률게이지로부터 처짐과 변형률을 측정한다. 그림 5.29는 길이 $L=32.0$ m, 폭 $B=1.8$ m, 높이 $H=1.5$ m 교량용 복합신소재 빔Beam의 정적 및 동적 휨 성능시험에 대한 전경을 보이고 있다. 그림 5.30은 교량용 복합신소재 바닥판의 정적 및 동적 휨 성능시험에 대한 전경이다.

② 연결부 전단파괴시험

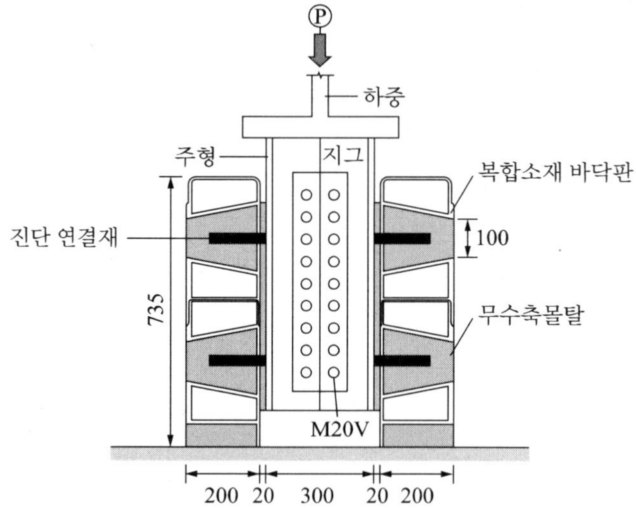

▲ 그림 5.31 **복합신소재 바닥판의 연결부 전단파괴시험 개요**

▲ 그림 5.32 **복합신소재 바닥판의 연결부 전단파괴시험 전경**

일반적으로 건설용 복합신소재의 연결부 전단파괴시험의 목적은 합성형 교량의 주형－바닥판 연결부 설계시 필요한 전단연결의 허용전단력을 구하기 위한 시험이다. 그림 5.31, 5.32는 연결부 전단시험 전경을 보여주고 있으며, 대상 시험체는 양편에 복합신소재 바닥판 패널에 연결된 주형을 가력하여 시험을 한다.

③ 피로시험

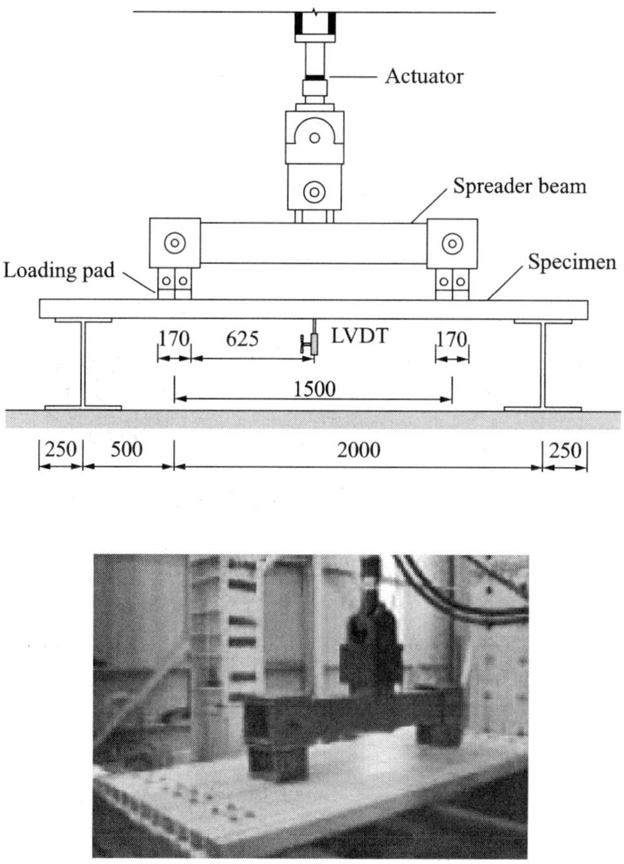

▲ 그림 5.33 **복합신소재 바닥판의 피로시험 전경**

건설용 복합신소재 구조물의 피로성능을 파악하기 위해 재하속도 1∼5 Hz로 200만 회까지 반복하중을 재하하여 대상 구조물 실험체의 변형률, 처짐을 측정한다. 그림 5.33은 복합신소재 바닥판에 대한 피로시험을 보여 주고 있다.

④ 부착성능시험

건설용 복합신소재의 시편을 ASTM. KS, ISO 등의 기준에 의거 제작하여 시편의 표면에 접착제를 도포하여 접착제에 의한 부착강도를 측정하는 시험이다. 그림 5.34는 동질매질에 의한 복합신소재 부착성능 시험 전경이고 그림 5.35는 이질매질인 복합신소재와 콘크리트에 대한 부착성능 시험편 형상을 보여 주고 있다.

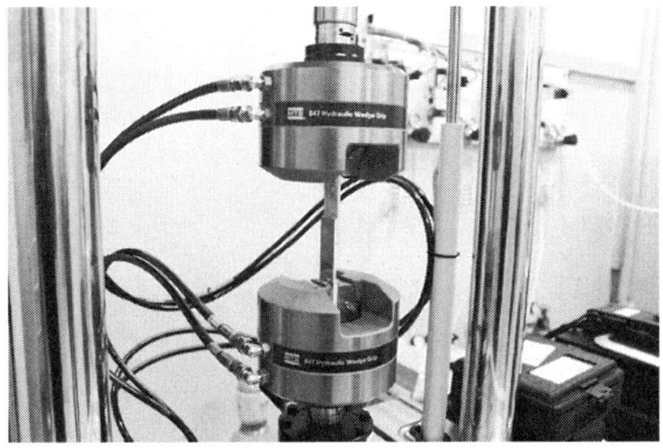

▲ 그림 5.34 **복합신소재와 복합신소재(동질매질) 부착성능시험 전경**

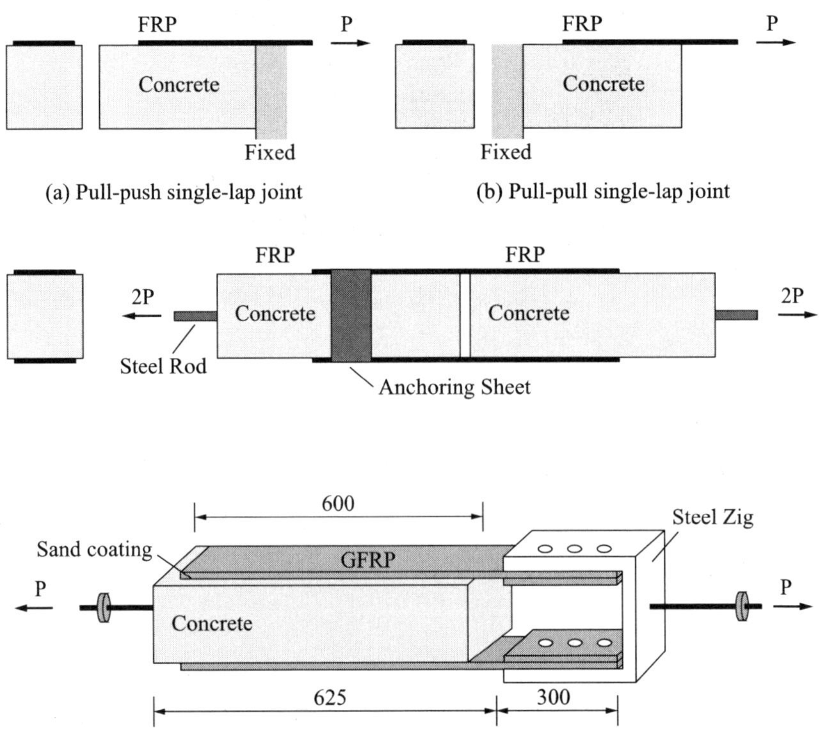

▲ 그림 5.35 **복합신소재와 콘크리트 계면(이질매질) 부착 성능시험체 형상**

9. 복합신소재의 품질평가기술

1) 개요

고분자기지 복합신소재는 우수한 비강도, 비강성 등의 성능특성을 살리면서 여러 분야의 구조재료로 사용되고 있다. 그러나 비등방성 재료인 복합신소재는 일반적으로 강화재의 종류 및 구성에 의해 특성이 가지각색이기 때문에 동일한 시험편 형상이나 시험방법으로 규정할 수 없다. 따라서 복합신소재 응용기술의 실용화를 위해서 확보되어야 할 기술이 복합신소재 품질평가기술 평가에 있다. 이로서, 복합신소재가 건설구조물에 적용될 때 재료설계에 따른 복합신소재 구성재료 성능이 달성되어 있는가, 성형공정의 파괴원인이 되는 결함 검출 기술방법과 그 결함 제거 기술이 타당한가 등이 확인되어야 한다.

따라서 본 장에서는 건설 분야에서 복합신소재 적용에 있어서 품질 및 신뢰성의 평가를 위한 복합신소재의 품질평가기술에 대해서 종래 제안된 방법을 기초로 하여, 1) 섬유와 기지에 대한 평가, 2) 성형공정에 대한 품질평가, 3) 결함검출과 신뢰성평가, 4) 파괴역학과 동역학 특성평가, 5) 환경특성평가 방법으로 분류하여 기술하고자 한다.

2) 섬유와 기지에 대한 품질평가

고분자기지 복합신소재의 주요 구성 재료인 섬유와 수지에 관한 평가기술로서는 섬유의 표면특성이 취급되어야 한다. 여기서는 섬유와 수지와의 계면에 대한 기초물성으로서 중요한 비표면적의 측정 정도의 향상을 달성시키는 동시에 계면강도에 기계적으로 영향을 준다. 즉 층간전단강도, 계면전단강도 및 계면인장강도에 대한 평가 기술이 요구된다. 특히 계면전단강도 평가는 단섬유함침 수지시험편을 사용하는 방법이 중요하다. 또한 점유와 수지간의 접착 적합성의 평가를 위해서는 고온에서 층간전단강도의 시험방법이 요구된다. 수지는 내열수지의 열적 성능에 대한 평가기술의 표준화가 요구된다.

3) 성형공정에 대한 품질평가

고분자기지 복합신소재 구조의 성형을 위한 품질평가기술로서는 성형에 있어서 경화반응의 검출기술로 평가된다. 복합신소재는 서로 다른 소재의 복합화에 의해 달성되는 구조재료이므로 성형시 혹은 운용과정에 있어서 필연적으로 각종의 결함이 생기고 있다. 또 이들 결함이 실제 구조에 있어서 어느 정도 허용하는 결함 자체를 비파괴로 검출하는 평가기술을 요구하고 있다. 대표적인 성형공정에서 결함은 공극 및 층간박리에 대해서 정적 및 동적 층간전단강도에 대한 적용한계를 제시하여야 한다. 성형제작시 박리결함을 검출하는 평가기술이 요구된다.

4) 결함 검출과 신뢰성 평가

고분자기지 복합신소재의 결함허용 수준이 분명해지면 그 수준에 해당하는 결함을 검출하면 좋을 것이다. 복합신소재의 결함은 공극 및 층간박리로 주로 나타나고 있는 데 이에 대한 비파괴 검출기술을 확보하여서 신뢰성을 높여야 한다.

5) 파괴역학과 동역학 특성평가

복합신소재는 높은 비강성 및 비강도 특성을 가지고 있으나, 이러한 좋은 성질들은 사용하중과 환경에 대한 특성이 규명되었을 때만 잘 활용될 수가 있다. 이러한 특성들이 잘 알려져 있지 않은 경우 실제 구조를 설계할 때에 높은 안전율을 주게 되며, 따라서 재료의 이용강도를 낮추는 효과를 주게 된다. 그리고 재료가 동적인 하중 상태와 충격하중을 받을 때 그리고 높거나 낮은 온도 및 수분 등에 노출되었을 때의 복합재료의 특성을 잘 파악하고 있어야 한다.

① 피로특성

크기가 변하는 하중을 재료가 반복적으로 받으면, 반복하중의 최대 크기가 재료의 인장강도보다 작을 때에도 일반적으로 재료의 파괴가 발생한다. 모든 구조물은 변동하는 하중상태에 있게 되므로 정적인 하중 및 동적인 하중을 동시에 고려하여 피로설계 및 신뢰성 설계를 중요시 하는 경향이 있다. 복합신소재에 사용되는 섬유들은 일반적으로 매우 좋은 피로특성을 가지고 있으며, 따라서 일방향 장섬유 복합신소재를 섬유방향으로 매우 좋은 피로특성을 가지고 있다. 그러나 복합신소재는 일반적으로 적층판 형태로 사용되므로, 어떤 플라이들은 하중방향으로의 강도가 낮기 때문에, 완전한 적층판의 파괴가 발생되기 전에 일부의 플라이의 파괴가 발생할 수가 있다. 복합적층판의 손상은 섬유와 기지 사이의 계면 Interface 파괴, 기지 Matrix 의 파괴, 섬유의 파괴 및 기공의 성장 혹은 층간 분리 Delamination 등의 현상으로 나타난다. 금속의 경우에 균열이 발견되면 곧 최종 파괴에 도달하는 것이 일반적이므로 안전하지 않게 생각되지만, 복합신소재의 경우는 피로수명 내의 초기에 손상이 발견되더라도, 파괴의 진전이 이루어지지 않고 복합신소재의 내부에서 붙잡히는 경우도 있다. 그러나 중요한 구조물일 경우는 복합적층판의 어느 부분도 손상을 입지 않게 설계되어야 한다. 복합적층판 내의 플라이가 손상을 입으면, 복합신소재의 파괴가 일어나기 훨씬 전이라도 적층판의 강성 값이 많이 감소할 수가 있다. 금속의 경우에는 균열의 크기가 크지 않으면 강성의 값이 감소하지 않으므로, 금속과 복합신소재의 경우에 강성 값에 기준한 파괴기준, 즉 변위의 크기에 기준한 두 재료의 파괴기준은 다르게 된다. 따라서 금속에서 얻은 피로파괴 기준을 복합신소재에 그대로 적용시킬 수 없는 경우도 존재하게 된다. 따라서 복합신소재로 구조를 설계할 경우는 복합신소재의 피로특성을 잘 파악하여야만 최적의 구조물을 설계할 수가 있다.

② 충격특성

구조물이나 구조 요소들은 정도의 차이는 있으나 사용 기간 동안 충격하중을 받게 되어 있다. 따라서 구조물이 충격을 받았을 경우에 손상이 커서 위험이 초래되지 않게 하는 것이 매우 중요하다. 섬유보강 고분자 복합신소재 중에서도 탄소섬유강화 고분자 복합신소재는 충격에 매우 약하며, 충격 후 압축강도가 매우 약하기 때문에, 섬유의 최대 변형률의 1/3인 0.5% 이내에서 설계변형률을 제한하게 된다.

6) 환경특성 평가

복합신소재가 물이나, 수증기, 혹은 다른 부식성이 있는 환경에 노출되거나, 온도가 높거나 낮은 환경에서의 장시간의 물리적 및 화학적 안정성에 대한 고찰은 매우 중요하다. 복합신소재의 물성 저하는 1) 응력-부식에 의한 강화 섬유의 강도 저하, 2) 섬유와 기지사이의 계면 강도 저하에 의한 접착력의 저하, 3) 기지의 화학적 물성 저하, 4) 온도와 시간에 따른 기지의 강성과 강도의 저하, 5) 온도와 화학적인 환경의 복합적인 작용에 의한 가속화된 물성의 저하 등으로 나눌 수가 있다. 따라서 복합신소재의 물성 저하는 각 성분의 저하에 의한 것과, 성분의 결합 정도가 저하되어 나타날 수가 있다. 복합신소재 구조물의 강도 저하 즉, 노화에 의한 물성 저하에 큰 영향을 미치는 것이 UV 및 습도이다. 일반적으로 자외선과 온도 및 습도가 복합적으로 재료의 노화를 가속화시키는 것이 일반적이다. 그 중에서 특히 수분의 여향은 고분자 사슬 사이의 Van der Waals 결합을 방해하여 고분자 물질을 가소화시켜 고분자 기지재료의 유리전이온도를 감소시킨다. 이것은 결국 기지재료에 의하여 좌우되는 복합신소재의 강성과 강도를 저하시키게 된다.

6장 복합신소재 건설 기술 분류 구성

1절 복합신소재응용을 위한 분야별 기술 분류
2절 복합신소재응용을 위한 소재별 기술 분류
3절 복합신소재응용을 위한 제품별 기술 분류

1절

복합신소재응용을 위한 분야별 기술 분류

1. 설계기술

복합신소재 구조물은 극한한계상태에 이르기 전에 충분한 파괴 예고warning of failure가 있도록 설계되어야 한다. 일반적으로, 복합신소재 구조물은 재료의 응력－변형률 선형거동의 point 이하에서는 어떠한 연성거동을 보이지 않는다. 재료의 파괴는 point에 도달시 국부적으로 발생하게 될 것이다. 설계시 사용한계상태serviceability limit state가 파괴모드에 대해서 극한한계상태 전에 먼저 도달되는 거동을 충분히 알고 고려해야 한다. laminate나 Pultruded section의 구조거동에서 있어서 형태, 부피비율, lamina 또는 layer의 보강강도, 두께, 적층 순서나 수에 대한 영향을 검증해야 한다. 특히, 다음과 같은 주의를 요한다.

- laminate의 판은 대칭으로 적층시켜야 한다. 그래서 전반적인 균형은 평면의 coupling 또는 인장·전단 coupling으로 이루어진, bending-strectching-torsion coupling이 발생하지 않도록 해야 한다.
- woven fabric을 사용한 경우를 제외하고, 인접한 판은 60° 미만으로 이루어져야 한다.
- 가능하다면, 0°과 90°가 함께 묶여지는 것을 피해야 한다. 층간 전단과 하중재하시 두께에 전반적인 응력을 최소화하기 위해 45°의 각으로 분리해야 한다.

- 가능하면 유사한 plies를 함께 묶는 것을 피해야한다.
- 외부의 표면 plies는 연속적이며, 45°의 각으로 이루어져야 한다. 가능하다면, 층간 전단효과가 최소가 되도록 해야 한다.
- 가능하면, plie의 축소는 laminate의 중립면에 대해서 대칭이 되도록 해야 한다.

2. 제작기술

복합신소재 구조물의 제작 기술은 일반 금속재료와 매우 다르다. 제조 방법은 주로 기지에 따라 달라지는데, 기지가 열경화성 수지일 경우와 열가소성 수지일 경우, 또 금속이나 세라믹일 경우 각각 복합신소재에 대해 최고의 역학적 성질과 경제성을 확보하기 위해서는 전혀 다른 제조공정이 적용된다. 또한, 복합신소재는 일단 단면이 결정되면 필요에 따라 각기 다른 제조 방법을 채택해야 한다. 여기서, 현재까지 연구 개발되어 활용하고 있는 각종 복합신소재의 제작기술은 다음과 같다. 복합신소재를 성형하는 방법은 여러 가지가 있는데, 고분자 물질을 기지로 하는 복합신소재의 성형방법으로는, 진공백 성형 Vacuum Bag Molding, 압축성형 Compression Molding, 인발성형 Pultrusion, 필라멘트 와인딩 Filament Winding, RTM Resin Transfer Molding, ERM Elastic Reservoir Molding, 포일 성형 Foil Metallurgy, 주조 Casting, 전착 Electro-deposition, 증착 Vapor Deposition 및 금속용사 Metal Spray 방법 등이 있다. 이 중에서 고분자 복합신소재를 성형하는데 많이 사용되는 방법은 다음과 같다. 이 중에서 건설용 복합신소재에 적합한 고분자 기지를 이용하는 복합신소재의 제조기술은 일정한 단면으로 대량생산이 가능한 인발성형법이 많이 사용되고 있다.

3. 시공기술

복합신소재 구조물은 일정한 단면으로 대량생산이 가능한 인발성형법으로 주로 제작된다. 복합신소재의 요구 조건을 만족하는 단위 구조체를 공장에서 인발성형 공정에 의해 구조물 길이 단위로 제작한다. 이렇게 생산된 단위 구조체는 접착제를 사용하여 공장에서 접착하여 일정 길이로 구조체를 만들고 현장까지의 운반상 제약을 고려하여 길이와 폭을 제한한다. 제작에 따른 오차가 발생할 수 있는데 복합신소재 구조물 치수의 제작 오차는 허용오차 범위 안에 있어야 한다. 치수 검사는 모든 복합신소재 구조물에 대해서 실시한다.

2절

복합신소재응용을 위한 소재별 기술 분류

1. 섬유(fiber)

복합신소재가 제대로 설계되고 제작되기 위해서는 강화상의 강도와 기지상의 인성을 결합하여 전통적인 어느 재료에서도 얻을 수 없는 바람직한 특성을 가져야 한다. 복합신소재의 분류는 일반적으로 강화상의 기하학적 형상에 따른 분류이다. 대부분의 섬유강화 복합신소재는 비등방성이다. 반면에 콘크리트와 같은 입자강화 복합신소재는 거의 등방성 거동을 보여준다. 다음과 같이 강화재의 배열방식과 특징에 따라 여러 가지 복합신소재의 종류로 구별할 수 있다. 복합신소재의 구성요소로는 입자particle, 섬유fiber, 층lamina과 이를 구속하여 일체시키는 기지matrix 등이 있으며 이러한 요소들로 구성된 복합신소재는 일반적으로 입자보강 복합신소재, 섬유보강 복합신소재, 층상 복합신소재 등으로 구분할 수 있다. 그러나 일반적으로 말하는 전통적인 복합신소재composite materials라 함은 재료의 역학적 성질이 뛰어난 섬유fiber와 섬유를 구속, 성형하고 응력을 전달하는 고분자 재료polymer의 복합체를 말한다. 즉, 복합신소재는 하중의 지지에 적합한 강도의 섬유fiber를 고분자 폴리머를 이용하여 복합화하고 하중전달의 매개역할을 하며 공간적 안정성을 줘서 역학적 강도와 성형성을 좋게 한 플라스틱을 말한다. 이러한 플라스틱을 수지 또는 기지matrix라고도 하며 불포화 폴리에스테르, 에폭시, 비닐 에스터 등을 많이 사용한다. 건설용 섬유로는 유리섬유와 탄소섬유가 일반적으로 사용되고 있다. 이와 같은 섬유는 사용하는 섬유의 종류에 따라 GFRP(유리섬유), CFRP(탄소섬유), AFRP(아라미드 섬유) 등이 있다.

2. 모재(matrix)

기지로 사용되는 수지는 열에 대한 반응성에 따라 열경화성 수지와 열가소성 수지로 분류한다. 열경화성은 일정한 온도에서 제품의 성형 후 열에 의해 추가적인 변형이 없으나, 열가소성은 성형 후 온도에 따라 변형이 가능하여 재성형이 가능하다. 건설용 복합신소재에서는 주로 열경화성 수지를 사용하는 것이 일반적이다. 복합신소재는 2방향의 역학적 성질을 갖는 섬유와 기지로 구성된 단층 lamina or ply 을 설계의 목적에 따라 임의의 방향으로 여러 층을 적층하여 만들게 되는데 이렇게 만들어진 제품을 적층판 laminate 이라 한다. 복합신소재에서 폴리머계열 수지의 선택은 많은 인자에 의해서 결정된다. 요구되는 특성은 보통 강도, 강성, 인성 그리고 내구성에 의해 지배받는다. 사용온도와 환경, 제조 방법, 양생조건 등을 고려해야 한다.

3. 충진재 및 첨가제

복합신소재에 주로 사용되는 충진재로는 무기질 충진재의 사용이 증가하는 추세이다. 이러한 충진재는 복합신소재의 제조단가를 낮출 수 있을 뿐만 아니라 복합신소재의 일부 특성을 향상시킬 수 있기 때문이다. 충진재는 복합신소재의 적층판의 유기질 함유율을 감소시킴으로서 내화 및 내연성능을 포함한 기계적 특성을 향상시킬 수 있다. 또한 충진재가 함유된 수지는 함유되지 않은 경우보다 수축률

이 적으므로 금형에 의해 성형된 구조부재의 치수 조절성을 향상시킨다. 또한 내수성, 내후성, 표면조도, 강성, 치수안전성, 내열성 등의 특성이 충진재의 적절한 사용을 통해 모두 향상될 수 있다. 이처럼 충진재의 지속적인 개발로 인한 충진재의 보다 많은 사용으로 복합신소재의 성능향상은 가속화되고 있는 경향을 보이고 있다. 복합신소재에 사용되고 있는 대표적인 무기질 충진재의 종류 및 특성을 다음과 같이 열거할 수 있다.

- 칼슘 카보네이트 Calcium carbonate : 가장 많이 사용되고 있는 무기질 충진재로서 다양한 크기와 처리과정을 거쳐 저비용으로 공급, 사용되고 있다. 대부분의 칼슘 카보네이트 충진재는 석회석 또는 대리석을 원재료로 한다.
- 카올린 Kaolin (수화 알루미늄 실리케이트) : 충진재로서는 두 번째로 많이 사용되는 것으로 일반적으로 점토로 알려져 있는 물질이다. 원재료인 점토는 부유 및 세척에 의해 이물질을 제거하여 복합신소재에 사용되도록 한다.

복합신소재의 재료특성을 개선하고 성능을 향상시키기 위해 많은 종류의 첨가제가 사용된다. 비록 수지에 비해 상대적으로 적은 양이 사용되지만 첨가제는 복합신소재의 몇 가지 주요한 성능을 향상시킬 수 있다. 기능별 첨가제의 특성을 열거하면 다음과 같이 기술할 수 있다.

- 저수축 특성의 개선 : 수지의 수축특성을 개선한 열가소성 수지를 열경화성 수지에 첨가함으로써 가능하게 된다.
- 내화성능의 개선 : 복합신소재의 내화성능은 적절한 수지의 선택, 특수 충진재의 사용으로 가능하지만 내화 첨가제를 사용할 수 도 있다. 이러한 내화 첨가제로는 삼사화 안티몬, 브롬, 클로라인 등이 사용된다.
- 공극의 최소화 : 복합신소재 구조물의 제작시 발생하는 내부 공극을 제거하기 위한 첨가제를 사용함으로써 재료의 결함을 최소화할 수 있으며, 섬유의 함침성을 개선할 수 있다.

- 유해가스 방출의 억제 : 오픈 몰드 방식의 복합신소재 제작방법에서 문제가 되는 유해가스 방출의 억제를 위해서 스티렌 방출 억제 첨가제를 사용할 수 있다.
- 점도 조절 : 수지의 점도 조절은 함침 및 분산촉진 첨가제를 이용하여 이루어지게 되는데, 첨가제는 사용된 충진재의 함침 및 분산을 촉진시켜 수지의 점도를 감소시키게 되므로 더 많은 양의 충진재 사용을 가능케 한다.
- 전기 전도성 향상 : 유리섬유 복합신소재는 일반적으로 전기 절연특성을 가지나 전기 전도성이 요구되는 경우 수지 내에 강재, 탄소 분쇄물 및 기타 전도성 섬유를 첨가할 수 있다. 전자기 간섭에 대한 보호막은 이러한 전도성 첨가제를 사용함으로 가능하게 된다.
- 연성의 개선 : 연성을 필요로 하는 복합신소재의 경우에는 고무계 또는 탄성재료와 같은 특수한 첨가제를 사용하면 연성이 개선될 수 있다.
- 자외선 안정제 : 자외선 안정제는 자외선 노출에 의해 발생하는 변색, 분리 등의 폴리머의 열화를 방지한다. 자외선을 흡수함으로써 자외선에 의한 열화를 방지하게 된다.
- 경화제 : 폴리에스테르 수지를 사용하는 복합신소재의 제작에 있어서 가장 중요한 첨가제로서 일반적으로 MEKP Methyl-Ethyl-Keton Peroxide은 상온 경화수지의 촉진제로 사용된다. 그리고 벤졸 페록사이드는 인발성형과 같은 고온 경화수지에 사용된다. 발열이 되고 코발트와 같은 촉진제와 섞이게 되면 경화제는 반응상태가 되게 되어 불포화 수지가 고체상태가 되게 된다.

3절
복합신소재응용을 위한 제품별 기술 분류

1. 구조 주부재

1) 인장부재

인장력을 받는 요소만 간주한다. 요소를 적층 재료에서 x축과 평행하게 배열한다. 끝단의 연결과 접합은 joint로 인장력을 전달하도록 적당히 설계되어야 한다.

2) 압축부재

휨이 배제된 축방향력만 받는 부재에 적용되며, 비틀림에 대한 영향은 무시한다. 예를 들어 처짐으로 인한 모멘트의 증가 등등의 2차적인 효과에 대한 영향을 1차적인 효과 이상의 증가가 10% 초과한다면 고려해야 할 것이다. 2차적 영향에 대해 고려한 구조물의 안전설계는 극한한계상태에서 가장 최악의 하중의 조합에 대해서, 정적평형조건의 상실이 발생하지 않거나 휨모멘트와 축방향력을 받는 단면의 저항력이 한계를 넘지 않도록 해야 한다. 구조적 거동은 2차적 영향으로 인한 파괴가 발생하는 방향으로 고려해야 한다. 비대칭단면의 경우에 있어서, 유효단면의 중심축에 대한 편심으로 인한 부가적인 모멘트가 허용범위 내에 있도록 해야 한다. 끝단연결과 Joint는 압축력을 전달하도록 설계해야 한다. 연결 부위에서 구속에 대한 가능한 불안정은 고려해야 한다.

3) 휨 부재

단면 2차 모멘트와 전단 면적은 휨과 전단으로 인한 최대 허용 변형을 초과하지 않도록 결정되어야 한다. 단면계수는 단면에서의 최대 허용 인장·압축응력을 초과하지 않도록 결정되어야 한다. 플랜지 flange 폭과 두께의 최소비는 플랜지에서 국부좌굴이 일어나지 않으면서 요구되는 압축응력을 유지하도록 결정되어야 한다. 웹 web 폭과 두께의 최소비는 웹에서 국부좌굴이 일어나지 않으면서 요구되는 압축응력을 유지하도록 결정되어야 한다. 부재의 저항력은 측면 비틀림 좌굴이 일어나지 않도록 적절해야 한다. 부재의 변형은 구조물의 기능과 외관에 역으로 영향을 받지 않도록 해야 한다. 장기간 작용하는 하중 작용으로 인한 총 변형이 최대허용변형을 초과하지 않아야 한다. 변형은 초과되지 않게 격벽, 유리, 포장 등과 같은 다른 연결 요소 element 에 의해 조절할 수 있어야 한다. 몇 가지 경우에 있어서, 제한은 기계나 구조물을 지지하고 있는 장비의 알맞은 기능을 유지하거나 지붕에 물이 괴지 않게 해야 할 것이다. 진동에 있어서, 빌딩의 사용자에게 불편함이나 경고, 더 나아가 구조물의 손상을 입히지 않도록 제한을 두어야 한다. 구조물, 공사완료, 수리 그리고 구조물의 기능 등을 고려한 처짐에 대한 적당한 제한치는 의뢰인이나 발주부서의 동의하에 이루어져야 한다.

4) 전단부재

조립 단면요소에 동일하게 전단저항력이 적용될 수 있게 한다. 복부의 두께가 일정하지 않다면, 복부두께는 최소 두께로 취한다. 전단 좌굴 저항력은 검증되어야 할 것이다. 단부연결과 접합은 join을 통해 전단력이 전달되도록 설계되어야 한다.

7장 복합신소재 건설기술 선도기업 및 기관 현황

1절 복합신소재 주요 선도기업 현황조사

2절 복합신소재 주요 선도기업 연구개발 동향

3절 복합신소재 건설기술 시장 조사

1절

복합신소재 주요 선도기업 현황조사

1. 국외 복합신소재 선도기업

본 책에서는 첨단 복합신소재의 최근 기술동향을 파악하기 위해서 미국, 캐나다, 유럽 그리고 일본의 선도기업의 연구현황에 대한 가능한 많은 자료와 데이터를 수집, 조사하고, 이를 분석함으로써 건설 분야에 있어 복합신소재의 기술동향을 파악한다. 한편, 국내외 건설시장에서 토목/건축을 중심으로 각국에서 선도기업에 의해서 실행된 복합신소재 시공사례를 살펴봄으로써 복합신소재의 기술수요를 파악하고 이에 따른 연구개발 방향을 도출하기 위해 복합신소재 기술개발을 전망한다. 이를 위해 본 책에서는 아래와 같은 복합신소재 선도기업의 관련 자료를 제시한다.

- Advanced Composite Group : Structural materials
- BBR Carbon Fiber Stay Cables : FRP stay cables
- Bedford Reinforced Plastics : pultruded products
- Creative Pultrusions : pultruded products
- Edge Structural Composites : strengthen systems
- ET Techtonics : pultruded bridges
- Exel Composites : pultruded products
- Fibergrate Composite Structures : pultruded products
- Fiberline Composites A/S : pultruded products
- Fyfe Co. : strengthen systems

- Hughes Brothers : FRP reinforcements
- Martin Marietta Composites : FRP bridge decks
- Mitsubishi Composites : FRP tendons and strengthening systems
- Owens Corning Inc. : FRP
- Pacific Composites : pultruded products
- Powerstrusion Poles : FRP poles
- Pultrall : FRP reinforcements
- Quakewrap : strengthening systems
- Roechling-Haren : pultruded products
- R.B.J. Reinforced Plastics Ltd. : FRP
- Seasafe : FRP grating
- Sheet Piling Ltd. : FRP sheet pile
- Sika : strengthening system
- Sireg : FRP tendons
- Strongwell : pultruded products
- Universial Pultrusions : FRP door systems
- Wagners Composite Fiber Technologies : FRP
- ZellComp Inc. : FRP decking system

1) Strongwell사

미국의 Strongwell사는 전 세계를 선도하는 복합신소재 인발공정 전문회사이다. 건설 분야의 적용을 위한 산학협력으로 우수한 혁신적인 구조형식을 개발하여 미국전역에 적용하여 상용화하고 있다. 아울러, 자체 설계지침서 Design Manual, Extren and Other Proprietary Pultruded Products를 개발하여 Strongwell사의 복합신소재 구조체를 이용한 구조설계 시 적용할 수 있도록 보급하고 있다. 특히 콘크리트 속에 묻혀 있는 철근의 부식을 방지할 수 있는 철근 대체용 복합신소재 Gridform을 이용한 교량 바닥판 공사에 적용할 수 있는 설계지침서도 개발하여 운용하고 있다.

▲ 그림 7.1 **Strongwell 회사의 다양한 형태를 갖는 복합신소재 구조부재**

2) Martin Marietta Composites사

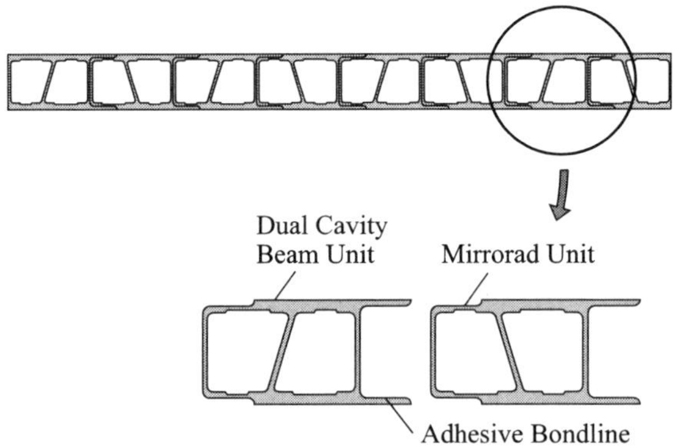

▲ 그림 7.2 **Martin Marietta Composites 회사의 교량바닥판용 Duraspan**

미국의 MMC Martin Marietta Composites 사는 복합신소재 바닥판 분야의 선도업체로서, 고성능 듀라스팬 Duraspan 바닥판을 개발, 생산한다. 개발된 복합신소재 바닥판은 인발성형 공정으로 생산된 사다리꼴 형상의 튜브부재의 단위 모듈을 신설교량의 제원에 맞추어 병렬 접합하여 제작하며, 신설교량의 바닥판 및 노후교량의 바닥판 대체용으로 사용한다.

3) Atlantic Research Corporation사

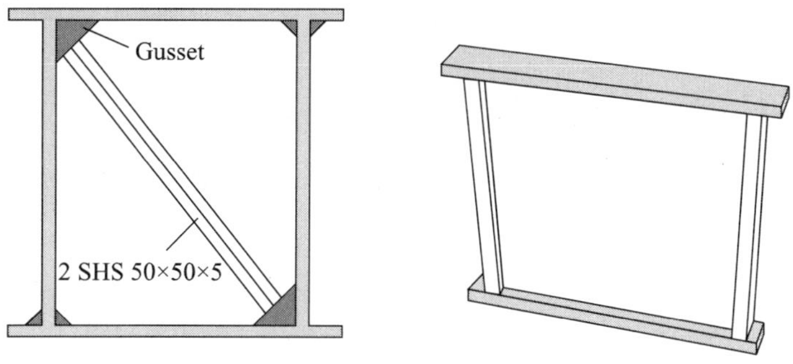

▲ 그림 7.3 **Atlantic Research Corporation 회사의 Deck**

해양 플랫폼 기술 프로그램의 일환으로 미국의 Atlantic Research Corporation사는 경량 복합신소재 트러스 단면 바닥판을 개발하였다. 해당 바닥판은 해양 선박에서 연안으로 각종 화물을 운반하기 위한 연결 통로Landing Ship Quay/Causeway로 사용한다. 단위 모듈형태로 개발된 복합신소재 바닥판은 통로의 상부구조에서 단부에서만 연결되어 있어 필요에 따라 개별적으로 분리하여 재사용할 수 있다. 바닥판 제작은 인발성형 공정에 의해 생산된 삼각형 튜브 모듈을 조립하고 상부 및 하부에 유리섬유 시트를 적층시켜 완성한다.

4) Hardcore Composites사

미국의 Hardcore Composites사는 수직배치 내부코아를 이용한 샌드위치 구조의 복합신소재 교량 바닥판을 개발하였다. 이 회사는 진공성형VARTM을 이용하여 대형 교량바닥판 모듈을 일체로 제작하는 기술을 보유하고 있다. 해당 기술을 통해 교량의 슬래브 형식의 복합신소재 교량 시공이 가능할 수 있다.

▲ 그림 7.4 Hardcore Composites 회사의 교량바닥판

5) Creative Pultrusions사

미국의 Creative Pultrusions사는 복합신소재 바닥판을 개발, 생산한다. 개발된 복합신소재 바닥판은 인발성형 공정으로 제작된 제품으로서, 중공 형태의 두 개 모듈을 이용하여 신설교량의 제원에 맞추어 병렬 접합 방식으로 제작된다.

▲ 그림 7.5 Creative Pultrusions 회사의 교량바닥판

2. 국내 복합신소재 선도기업

1) (주)한국화이바

(주)한국화이바는 1972년 설립, 유리섬유, 탄소섬유 등 첨단복합신소재의 원료에서부터 항공우주, 토목, 건축, 전기전자, 레저, 철도수송용 재료 경량화, 에너지, 환경 분야 등에 쓰이는 복합신소재 제품을 주로 생산하고 있으며, 생산설비, 시험장비까지 자체 개발하고 있다.

▲ 그림 7.6 (주)한국화이바 복합신소재 주요 생산품

2) 동일산자(주)

동일산자(주)는 1967년 9월 9일에 설립되어 선박, 건축, 헬멧, 자동차, 우주항공산업에 사용되는 고강도 복합신소재인 다축경편원단 생산을, "PULMAX"는 인발성형공법을 적용하여 교량데크, 난간, 케이블트레이, 전기 & 전자, 사다리, 하수처리장에 사용되고 있으며, FILAMENT WINDING 공법을 적용하여 복합신소재 PIPE 및 DUCT등의 제품을 생산하여 시장 확대에 노력하고 있습니다. 동일산자(주)의 맥스사업부는 3개 생산팀으로 Multiaxial Knitted Fabric, 인발성형 그리고 필라멘트 와인딩 공법을 이용하여 섬유강화복합신소재 성형제품을 전문적으로 생산 국내외 판매하고 있습니다.

▲ 그림 7.7 **동일산자(주) 복합신소재 주요 생산품**

3) 코오롱인더스트리(주)

코오롱에서 생산하는 GRP관은 오웬스코닝사 OCF 의 대량 생산기술인 연속 필라멘트 와인딩 CFW 공법을 적용하며, 생산방법은 빔으로 지지되는 원통형 맨드릴 모양의 연속 강철 밴드로 구성된다. 빔이 회전하면서 마찰력은 밴드를 당기고 롤러 베어링은 밴드를 길이 방향으로 움직이게 함으로써 전체 맨드릴이 연속적으로 기계의 끝

부분을 향해서 나선형 경로를 따라 움직인다. 원재료(유리섬유, 수지, 모래 등)는 선반으로부터 순서대로 공급된다. 이형 필름과 표면처리 재료는 맨드릴 근처의 롤을 통해서 주입된다. 경화 후에는 절단기가 파이프를 적당한 길이(6∼18 m)로 절단하는 방식으로 제작된다.

▲ 그림 7.8 **코오롱인더스트리(주) 복합신소재 유리섬유복합관 및 복합맨홀 생산품**

2절

복합신소재 주요 선도기업 연구개발 동향

1. 국외 선도기업

대부분의 국외 선도기업은 복합신소재를 사용한 비교적 짧은 길이의 교량에 적용될 수 있는 바닥판 개발에 집중하고 있다. 특히, 경량구조를 가진 교량의 건설에 대한 관심이 대두되면서, 최근에는 중차량 및 군수하중도 통과할 수 있는 복합신소재 교량이 개발되고 있으며, 대표적인 구조형식으로 중공형식을 채택하고 있다. 특히 미국의 Strongwell, Martin Marietta Composites, Creative Pultrusions 사들이 주로 복합신소재 교량 바닥판 및 교량 상부구조 형식 개발을 선도하고 있다. 그리고 미국의 Huges Brothers사는 전문 GFRP Re-bar를 철근 대체용으로 적용할 수 있는 Aslan 복합신소재 제품을 개발, 생산하여 내부식성이 요구하는 콘크리트 구조물로 그 적용범위를 넓히고 있다. 유럽 덴마크의 Fiberline Composites As사는 인발공정을 이용한 다양한 건설구조 형식을 개발 생산하고 있는데, 특히 사장교와 같은 케이블 교량에도 적용 가능한 복합신소재 구조부재 및 그 시공법을 제시하고 있다. 오스트레일리아의 Wagner Fiber Composite Technologies사는 중소형 규모의 경간을 갖는 교량 건설에 적합한 복합신소재 구조형식을 개발하고 있다.

2. 국내 선도기업

국내의 복합신소재 기술개발은 국방과학연구소ADD에 의하여 방위산업 분야에 편중되어 상당히 추진되어 왔으나, 지금까지 추진된 복합신소재 기술은 비행체, 병기 등에 응용에 한정되어 있었다. 2000년대 이후 산학연관의 노력으로 복합신소재의 건설 분야 적용을 위한 시도가 이루어져 이제는 교량 등 건설 분야에 활발히 적용을 위한 대량생산을 목표로 생산하고 있다. 건설 분야에서의 복합신소재 교량바닥판 응용에 대한 연구개발을 (주)삼우기업, 국민씨아이(주)와 동일산자(주) 등을 중심으로 이루어지고 있다. 그리고 (주)한국화이바, 코오롱인더스트리(주) 등은 복합신소재 파이프를 대량생산하여 상하수도관에 적용하는 등 생명선life line 분야에 복합신소재의 장점을 최대한 살린 제품을 개발, 대량생산하고 있다.

3절

복합신소재 건설기술 시장 조사

1. 소재동향

지금까지 복합신소재로서 건설 분야에 구조물의 성능개선과 보강 목적으로 주로 탄소섬유Carbon Fiber 시트가 사용되어왔다. 탄소섬유는 강철보다 강도는 10배 높으면서 무게는 5분의 1에 불과해 '꿈의 신소재'로 불린다. 거의 100%에 가까운 탄소원자로 구성된 섬유로 한 가닥의 탄소섬유 실에는 수천 가닥의 탄소섬유가 꼬여져 있어 강도가 높다. 탄소섬유는 1970년대 초반 첫 상용화된 이후 비행기·스포츠카·스포츠 용품 등 특수 제품에만 사용됐다. 가격이 비싼 탓이었다. 그러다 최근 기술력이 발전해 가격이 조금씩 낮아지면서 시장이 팽창하고 있다. 전 세계적인 경기 불황에도 불구하고 일반 승용차·건축재·풍력발전기·IT 기기 등으로 사용처가 넓어지고 있는 것이다. 또한 최근에는 신재생에너지 개발에 따른 풍력발전을 위한 블레이드 제작에 탄소섬유의 수요가 많을 것으로 예상하고 있다.

이에 독일탄소섬유협회는 올해 4만 2000 t이었던 전 세계 탄소섬유 수요량이 오는 2020년엔 13만 t으로 급증할 것이라고 전망했다. 향후 탄소섬유가 얼마나 확산될지는 가격에 달려 있다. 현재 이 섬유의 가격은 일반 철의 6배 이상이다.

2030년쯤이면 그 격차가 약 두 배로 줄어들 것으로 예상된다. 탄소섬유 가격은 현재 kg당 20달러. 앞으로 이 가격이 절반 이하로 떨어지면 탄소섬유 대중화가 일어날 것으로 전문가들은 예상하고 있다.

표 7.1 탄소 섬유시장규모

탄소섬유 사용 분야	
분야	제품
항공	비행기 주 날개, 동체, 전투기, 인공위성 등
자동차	레이싱카 차체, 천연가스·수소 자동차의 연료탱크, 초고속열차
에너지	풍력 블레이드, 원유시추 파이프
스포츠	낚싯대, 골프채, 요트, 하키 스틱
토목	빌딩·아파트 등 건축재료 보강재, 토목용 기초재료, 내진설계
전자	노트북 등 외장재, 정밀가공기기
의약·기타	X-ray 투과장치, 인공관절 보조기, 바닥용 전기히터

2. 건설시장

1) 시장 특성

복합신소재 기술의 목표 시장은 토목, 건축 분야 중 교량 구조물용 복합신소재 시장으로 정의한다. 복합신소재의 시장은 산업용 섬유 중에서 가장 빠른 속도로 성장해가는 부분으로 복합신소재 부문에 사용되는 산업용 섬유는 2010년 금액기준으로 볼 때 국내외적으로 675억불에 달하며, 이 산업용 섬유를 바탕으로 제조한 복합신소재는 원 재료비의 수 배에 달하는 고부가가치 분야이다. 2005년 기준 세계 복합신소재 생산량은 7천6백만 톤이며, 토목, 건축용 용도로는 자동차 및 운송 용도에 이어 두 번째로 큰 21%를 차지하고 있다. 세계 복합신소재 시장은 물량기준으로 연평균 약 9.5%의 성장률, 금액 기준으로는 연평균 10.7%로 고속 성장하고 있다.

2) 시장 현황

국내외 토목, 건축 분야의 복합신소재 시장은 북미 및 아시아-태평양 시장으로 양분되어 있으며, 2005년 기준 세계 시장의 40%를 각각 차지하고 있다. 아시아-태평양 권역, 특히 중국은 사회간접자본에 대한 수요가 증가하고 있어서 시장의 성장률이 크므로 토목, 건축분야의 복합신소재 세계시장은 북미지역에서 아시아-태평양 권역으로의 이동 현상이 커지는 경향이 있으며, 이러한 이동 현상은 가속화되어 2015년에는 아시아-태평양 권역이 세계 토목, 건축 분야 복합신소재 시장의 50% 이상을 차지할 것으로 전망된다. 복합신소재 국내외 시장규모에 대해서 토목분야와 건축분야 시장규모 및 특성을 분류하여 표 7.2와 같이 나타내보였다.

표 7.2 복합신소재 건설기술 시장규모

구분	내용
토목분야 시장규모 및 특성	• 시장규모 [국외] : 34조 원(2010년 기준의 미국교통국(DOT) 수치) [국내] : 4조 8600억 원 (중·소형규모의 콘크리트 교량을 기준으로 작성됨) – RC슬래브교 : 8,419개소, PSC I 빔교 : 1,650개소, 기타 10,191개소 ※ 건설교통부 2000년 교량현황조서 – 상판가설비용 : 20,260개소×24,000만 원/1개소=48,624만 원 (평균 교량 제원 : $B=8.0$ m, $L=20.0$ m) • 시장특성 – 노후교량구조물의 증가 → 보수·보강 비용 증대 – 교량 바닥판 대체용으로 경량재료를 이용한 바닥판 요구 – 환경 친화적인 건설시장 요구 – 시설물유지관리활동 제도, 정책의 변화 – 발주자, 시공자의 경제적 유인
건축분야 시장규모 및 특성	• 시장규모 – 주택보급율의 100% 육박에 따른 건설시장에서 차지하는 리모델링 비중 점차증대 – 현재 선진국 : 30~54% – 국내 : 10% 미만(22조 8천억 원) – 국내 건설시장이 선진국구조로 전환 → 향후 리모델링 시장 비약적 성장 기대 (2010년 : 19조 2백 70억 원) • 시장특성 – 노후건축물의 증가 – 건물 바닥슬래브 대체용으로 가능 – 신축시장 성장둔화 → 리모델링으로 시장 급속 전환 – 리모델링 활동 촉진제도, 정책의 변화

8장 건설 분야에서의 복합신소재 전망

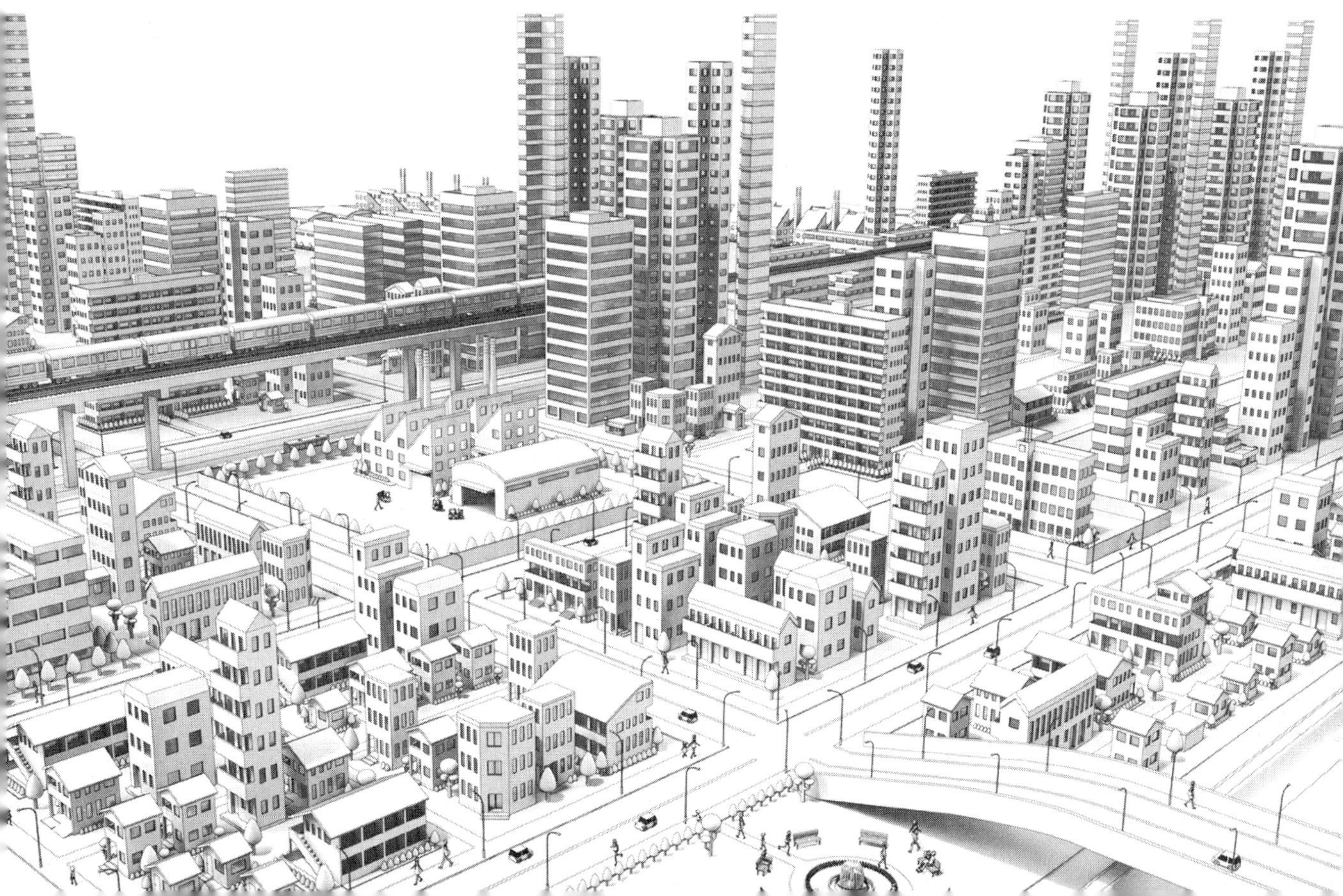

1절

복합신소재 건설기술 조사

1. 선진기업의 복합신소재 건설기술 개발 현황

항공기 산업 등의 분야에서 복합신소재 적용 기술은 많은 발전을 보여 왔으며, 그 성능에 대해서도 검증이 되었다. 본 절에서는 적용 범위를 넓혀 건설 분야에서의 고강도 섬유와 고분자 재료를 이용한 복합신소재 응용기술에 대하여서 현재 기술개발 현황 및 동향 과 향후 기술개발에 대해서 기술하였다. 건설 분야에서의 주재료인 콘크리트, 강재였지만, 보다 강하고 보다 가벼운 재료의 사용이 에너지 절약 차원에서 강하게 요구되고 있고, 새로운 기능성 재료의 필요성이 여러 가지 소재의 복합화를 유도하고 있다(표 8.1 참조). 복합신소재로서 이 요구를 만족시키는 것은 현재에도 기술적으로도 가능하지만 건설재료의 경제적 이점을 넘어서지 못하고 있다.

여기서 향후 복합신소재에 있어서는 몇 가지 측면이 동시에 고려되어야 한다. 첫 번째로는 이미 개발되어 있는 소재 특성의 이용을 보다 활성화하여 생산의 규모를 늘려서 생산비에서 경쟁력을 갖게 하는 것이고, 두 번째는 경제성이 있는 성형가공기술 및 응용기술개발이 추구되어야 할 것이며, 마지막으로는 건설 분야에서 요구되는 새로운 특성을 충족시키는 보다 값 싼 보강재 및 기지 소재개발이다. 세계적으로 섬유형으로 보강한 고분자 복합신소재의 생산 및 수요가 꾸준히 증가하고 있는 만큼, 산업적인 측면에서도 지속적인 발전이 이루어질 것으로 예측되며, 특히 미래 건설 산업의 기술향상에

미치는 영향을 고려할 때 21세기의 건설 신소재로서 고분자기지 복합신소재는 매우 중요한 위치를 차지할 것으로 기대된다.

표 8.1 교량바닥판의 장단점 비교

비교 내용		콘크리트 바닥판	복합신소재 바닥판
비용	직접건설비용(건설비용)/노무비 비중	고가/매우 높음	저가/거의 없음
	간접건설비용/공사기간	매우 고가/3개월 이상	거의 없음/수시간
	유지관리비용	고가 (건설비의 50% 상회 가능)	거의 없음
	연간 감가상각비용	직접공사비의 약 1/10 수준	거의 없음
환경친화성	공사 소음 등 주민피해	소음이 크고 장기간 지속됨	소음 거의 없이 심야에 공사완료
	건설 폐자재	다량의 거푸집 등 필요 폐콘크리트 등 발생	보조 장치 시설 거의 불필요 재활용 가능으로 폐자재 거의 없음
	대기오염	교통정체로 대기오염 유발	교통정체가 거의 없어 대기오염 없음
내구연한		35년 → 10년 내외	반영구적
기후 제약성		동절기 공사 불가능	제약 없음
내진성		자중이 커서 지진력이 큼 지진에 취약함	자중이 작아 내진성이 뛰어남
부식성		철근의 사용으로 부식 불가피	비금속 사용으로 부식 거의 없음
무게		5~10배정도 무거움	5~10배정도 가벼움
바닥슬래브 보수의 경우 바닥판 교체 후 하중		변화 없음	상판의 자중 감소에 따른 하중 증대

복합신소재는 다른 소재에 비하여 그 역사가 대단히 짧은 소재임에 틀림이 없다. 현재 우리나라에서는 이 소재에 대한 기본적인 데이터가 전반적으로 부족하여 현재 기본적인 데이터베이스를 구축하는 단계라고 판단된다.

특히 복합신소재가 갖는 이방성이라 하는 재료적 특성을 설계단계에서부터 최종 물성의 평가에 이르기까지 예측하지 못한 결과들을 보여 주고 있으며, 고분자기지 복합신소재의 점탄성한 특성은 그동안 구축된 고체역학 이론의 경험을 적용키 힘들게 한다. 그렇기 때문에 많은 기술 선진국에서 이에 대한 기초적인 연구가 활발히 진행되고 있는 것이며, 국내의 학계와 산업계에서도 실용기술의 개발과 연구가 진행되고 있으며, 스마트 사회기반 시설에 대한 연구가 최근에 가속화되고 있으므로 기존 건설재료인 강재와 콘크리트를 대체하여 적용할 수 있는 실증적 연구개발이 요구되고 있다.

2. 선진기업의 복합신소재 건설기술 개발 사례조사

고강도 복합신소재는 섬유 fiber 와 매트릭스 matrix 로 구성되어 있으며 보강섬유로는 유리 glass, 탄소 carbon/graphite, 아라미드 aramid, 보론 boron, 폴리에틸렌 polyethylene 섬유 등이 있다. 일반 공업제품에는 가격이 저렴한 유리섬유가 많이 사용되고 있다. 고강도 및 고강성을 요하는 고급 구조물에서는 탄소섬유를 많이 사용하고 있으며 PAN poly acrylonitrile 계 탄소섬유가 주류를 이루었으나 최근에는 보다 저렴한 핏치 pitch 계 탄소섬유의 기술이 많이 발전하였다. 대표적인 복합신소재 개발사로 미국의 Dupont사는 고탄성 핏치계 탄소섬유의 개발에서 인장 탄성계수가 900 GPa이고, 인장강도는 3.9 GPa에 달하는 것으로 보고되고 있다. 일본의 Toray사는 탄소섬유의 개발에 앞장서고 있다. 한편, 미국의 Owenscorning사는 저렴한 유리섬유와

같은 복합신소재의 종류를 생산하여 다양한 분야에 복합신소재의 응용기술을 전파하고 있다. 대표적인 기업의 개발된 복합신소재의 종류와 물리적 성질은 표 8.2와 같다.

표 8.2 **복합신소재의 재료적 성질**

상표	종류	탄성계수 (GPa)	인장강도 (GPa)	밀도 (g/cm^3)	압축강도 (GPa)
E-glass	유리	69	2.6	2.54	-
Kevlar 49	아라미드	125	3.5	1.44	0.39
Kevlar 149	아라미드	185	3.4	1.47	0.32
Spectra 1000	폴리에틸렌	170	3.0	0.97	0.17
P-25	탄소	160	1.4	1.90	1.15
P-1000	탄소	725	2.2	2.15	0.48
T-300	탄소	235	3.2	1.76	2.88
T-1000	탄소	295	7.1	1.82	2.76
AS-4	탄소	235	3.6	1.80	1.96
Dupont E-130	탄소	900	3.9	2.19	-
Toray M60J	탄소	585	3.8	1.94	1.67

3. 복합신소재 설계기준 및 시공지침 조사

현재 복합신소재를 이용한 건설 분야는 교량, 건물, 프레임, 트러스와 같은 구조체, 그리고 콘크리트 내부의 보강재 또는 긴장재이다. 이와 같은 대부분의 기업의 생산되는 복합신소재 부재는 대규모 생산이 가능한 공법인 인발성형 pultrusion 제조공법으로 제조되고 있다. 이러한 인발성형은 정형화된 단면을 생산하는 것이고, 또한 각 제조사별로 독자적인 기술을 보하고 있으므로 제조사별로 재료설계가 달리하고 있으므로 일반화된 설계기준에 맞추기가 어려운 실정이다. 따라서 현재 추진되고 있는 설계기준의 흐름은 각 제조사별로 자사의 생산제품에 대한 대학 및 연구소와 협동연구를 통해 독자적인 자사제품 활용에 적합한 설계기준과 시방서를 제작하고 이를 공인된 국가기관에 의해 인증 받아 사용하는 것이 일반적인 추세가 되고 있는 것으로 판단된다. 대표적인 교량용 복합신소재를 생산하는 회사인 미국의 Strongwell사의 제품에 대한 설계 지침서는 미국의 Virginia Tech.과 공동연구를 통해 개발하였으며, 이를 AASHTO에 의해 공인을 받아 사용하고 있다. 최근에는 복합신소재를 활용한 구조물에 시방규정 및 지침을 제정하기 위하여 관련학회를 통하여 활발한 노력을 하고 있다. 본 절에서는 국내·외 복합신소재 설계기준 및 시공지침을 조사하여 기술하였다. 국내에서는 복합신소재 설계기준 및 시공지침 제정을 위한 연구가 관련학회인 한국복합신소재구조학회KOSACS를 중심으로 연구가 진행되고 있다. 국외의 경우에는 미국은 미국토목학회ASCE에서 FRP구조물설계지침서를 1984년에 제정하였다. 최근에는 미국복합재료협회ACMA가 미국 토목학회ASCE에 의뢰하여 하중－저항계수설계법LRFD에 근거한 새로운 설계기준 및 지침서 작성을 위해 관련 전문가의 위원회를 통하여 제정하고 있는 중이다. LRFD 설계기준은 인발성형된 복합신소재 보와 같이 주로 건설 분야에 많이 적용되는 구조물에 대한 설계, 제작 및 시공 표준화에 관한 시방규정을 포함하고, 설계기준, 공학적 물성치 등을 포함하고 있다. 주요 내용으로 1) 설계일반, 2) 사용재료, 3) 환경내구성, 4) 크리프와 피로하중, 5) 단면 및 부재, 6) 전체 및 국부좌굴, 7) 연결 방법 등의 큰 주제로 데이터베이스를 조사 및 분석하고 있다. 유럽은 복합신소재 구조물 설계, 제작 및 시공방법에 관한 표준지침서를 1996년에 EURO Code를 제정하였다. 본 EURO Code는 한계상태 설계방법을 채택하고 있으며, 복합신소재 부재별로 설계방법을 제시하고 있다. 또한 각 종 실험 자료로 구성되어 있다. 일본은 완전 복합신소재 구조체가 아닌 복합신소재로 보강하는 콘크리트 구조물에 대해 한계상태 설계방법을 채택한 설계지침서를 제정하여 시행하고 있다. 이와 같이 선진국을 중심으로 복합신소재

구조체 설계에 대한 지침서가 부분적으로 운영되고 있지만 충분한 데이터베이스가 확보되어 있지 않은 실정이다. 향후 복합신소재 구조물에 대한 구조안정성과 설계기술에 관한 이해를 위해 설계기준 및 시공지침의 제정이 보다 체계적으로 이루어져야 한다고 볼 수 있다.

2절

건설 분야의 복합신소재 기술전망 조사

건설 분야에서 복합신소재는 1980년대부터 구조물의 보수 및 보강에 적용하는 재료로서 각광을 받고 있으며, 또한 복합신소재가 고강도이면서 부식하지 않는 재료라는 장점으로 인하여 콘크리트 구조물의 철근 및 긴장재를 대체할 수 있는 보강근으로 활용되기 시작하였지만 기존 콘크리트, 강재의 경제적 이점을 넘지 못하고 있는 실정이다. 향후 복합신소재의 건설구조물 적용 기술에 있어서 몇 가지 고려되어야 될 사항이 있다. 첫 번째는 기 개발된 복합신소재 특성의 이용을 활성화할 수 있는 대량생산 설비를 통한 가격경쟁력 확보이며, 두 번째는 건설 분야 적용을 위한 경제성이 있는 성형제조 기술 및 응용기술개발이 계속되어야 하며, 마지막으로는 기존 건설 재료와 경쟁할 수 있는 건설전용 섬유보강재와 모재(기지)의 개발이다. 전 세계적으로 복합신소재의 생산 및 수요가 계속 증가하고 있음을 감안할 때 건설 분야에서 복합신소재 구조물 적용 기술은 지속적으로 발전할 것으로 전망되며, 특히 21C 미래기술의 핵심가치로서 <Smart, Green, Safety>을 기반으로 하는 건설 기술 향상에 복합신소재는 매우 중요한 위치를 점유할 것으로 전망된다. 그림 8.1에는 1997년부터 최근까지 미국 연방도로국Federal Highway Administration, FHWA에서 복합신소재관련 프로젝트를 연구영역별로 분류한 것을 나타낸 것이다. 그림에서 알 수 있듯이 전체 프로젝트 중에서 약 35%가 교량바닥판에 관련된 연구이며, 보강에 관련된 연구가 약 26%를 차지하고 있음을 알 수 있다.

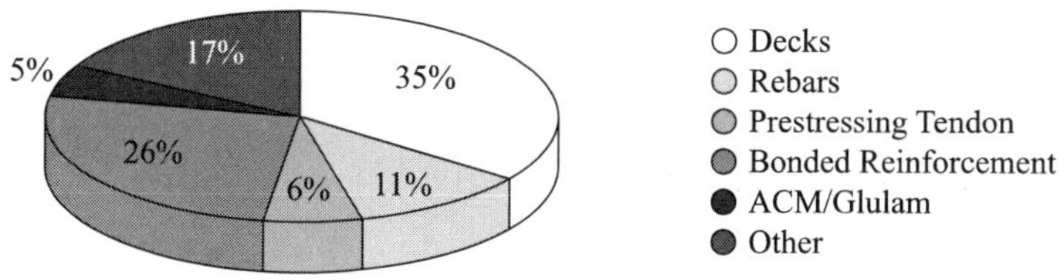

▲ 그림 8.1 **복합신소재(ACM) 기술개발 분야(FHWA 자료)**

그림 8.1에서 분석되었듯이 복합신소재 바닥판의 건설 분야 활용이 국내외적으로 많이 이루어지고 있다. 관련 문헌조사에 따르면 선진국에서는 복합신소재 바닥판의 필요성을 1980년대 말부터 인식하였고, 복합신소재 바닥판 제작 및 시공에 관련된 핵심기술은 복합신소재 바닥판 설계 및 제작, 그리고 연결 방법으로 조사되었으며, 이들 기술은 비교적 최근에 개발 완료되었으며, 제작방법은 대량생산이 가능한 인발공법을 많이 적용하고 있었다. 또한, 하수관거정비 임대형 민자Build-Transfer-Lease, BTL 사업에 유리섬유복합관(GFRP 복합관)과 같은 복합신소재관을 적용하는 사례가 국내적으로 많이 조사되는 등 향후 건설 분야에 복합신소재를 이용한 사회간접자본 시설에 확대 적용될 것으로 전망된다.

3절

건설 분야의 복합신소재의 생애주기비용(LCC) 조사

1. 경제성 분석

복합신소재는 매우 우수한 역학적 성질과 내구성의 장점을 가지고 있어 기존의 건설재료인 콘크리트, 강재를 이을 새로운 건설재료로 사용할 수 있는 새로운 건설재료로 수용되고 있으나 초기 건설비용이 매우 높다는 단점을 가지고 있다. 따라서 초기 건설비용을 줄이기 위한 재료설계, 단면설계, 시공방법의 기술에 대한 심층 연구개발을 지속할 필요가 있다. 기존의 연구개발을 분석해보면 복합신소재는 초기 건설비용은 다른 건설재료에 비해 비교적 높으나 건설 후 유지관리 비용 측면에서 충분한 경쟁력을 갖고 있는 것으로 조사되었다. 건설구조물의 총 비용인 초기 건설비용, 유지관리 비용, 재가설 기간을 고려한다면, 구조물의 생애 주기비용Life Cycle Cost, LCC의 측면에서 복합신소재는 기존 건설재료와 비교하였을 때 경제적으로 유리하게 분석되고 있다. 일반적으로 LCC의 분석 유형을 살펴보면 투자비용, 부지구입비용, 설계비용, 건설비용, 유지관리 비용, 잔여가치 등으로 나눌 수 있다. 기존 건설재료인 콘크리트, 강재와 비교하여 초기 건설비용을 상대적으로 적게 하기 위해서는 여러 가지 설계, 제조, 시공 등 극복하기 위한 연구개발을 위한 시간적 요소가 많이 필요하지만 복합신소재가 유지관리 측면에서 충분한 장점을 가지고 있기 때문에 LCC 정보를 분석하여 건설 분야에 많이 복합신소재가 활용/응용될 수 있도록 접근하는 것이 필요하다. 영국의 한 조사 분석

에 의하면 건설구조물의 LCC는 초기 건설단계 비용이 16% 이하고 80% 이상이 유지관리 비용으로 조사되었다. LCC개념이 도입되어 건설공사가 많이 이루어지고 있지는 않지만, 복합신소재 교량 바닥판을 이용한 교량성능개선공사를 노후된 교량교체와 신설교량 건설공사에 대한 공사비를 다음 표 8.3, 8.4와 같이 개략 산출을 통하여 LCC라는 점에서 비교 검토하여 그 경제성 분석을 하여 제시하였다. 기존의 재료(콘크리트, Steel)를 사용한 것 보다 공사비가 6~10% 정도 높은 것으로 나타났지만 Modular 개념을 도입하여 대량 생산과 Pultrusion과 같은 인발공법을 제조 방법으로 도입하고 향후 유지관리비와 같은 수명공사비 LCC 를 고려한다면 공사비는 충분히 기존의 재료와 경쟁하였을 때 경쟁력이 있을 것으로 예상된다.

표 8.3 노후된 교량 교체 공사비 비교

구분	복합신소재 바닥판	콘크리트바닥판	비고
공사 개요	• 기존콘크리트 바닥판 철거 • 복합신소재 바닥판 설치	• 기존 콘크리트 바닥판 철거 • 하부구조보강 • 상부거더보강 • 콘크리트바닥판타설	• 공기대폭 단축 • 내진보강 불필요
특징	• 신속한 공사로 교통 차단 최소화 • 경량바닥판 사용으로 내하력 증진 • 바닥판만 교체하여 교량등급 상향조정 (DB18 → DB24) • 내구성 향상으로 수명비용(LCC) 감소	• 교통통제기간 길어짐 • 콘크리트 바닥판으로 재시공 • 하부구조 및 상부구조 보강필요 • 수명대비 비용과다	• 작업용 중기사용 거의 절감예상 • 상부구조 총 중량 20톤 미만
공사비	120만원/m^2	115만원/m^2	
내구 수명	75년	18년 (약 20년마다 교체)	
공사 기간	3개월	18개월	• 공기를 1/6로 단축 • 교통통제 대폭감소

표 8.4 **신설 교량건설 공사비 비교**

구분	GFRP교	강교	콘크리트교
설계비	17%	8%	6%
기초 공사비	17%	23%	26%
재료비	31%	5%	26%
가공 및 접합비	17%	27%	0%
가설비	8%	18%	26%
면처리비	3%	8%	5%
부대비	7%	11%	11%
총 구성비	100%	100%	100%
개략 공사비/m^2	160만 원/m^2	150만 원/m^2	145만 원/m^2

※ 기존의 재료(콘크리트, Steel)를 사용한 것보다 공사비가 6~10% 정도 높음

2. 사례연구

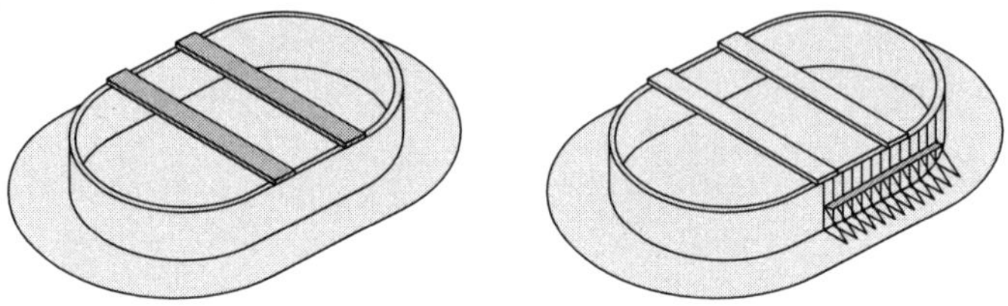

Shotcrete Tank FRP Tank with Steel Ribs

▲ 그림 8.2 **LCC 분석을 위한 재료별 구조체**

콘크리트 탱크와 복합신소재인 FRP 탱크(그림 8.2 참조)에 대한 생애주기비용LCC 비교 분석을 통하여 조사된 내용의 사례연구를 다음과 같이 기술하였다. LCC의 분석을 위해 설계비용, 건설비용, 유지관리 비용 등을 기초로 하여 분석한 내용으로 조사되었다.

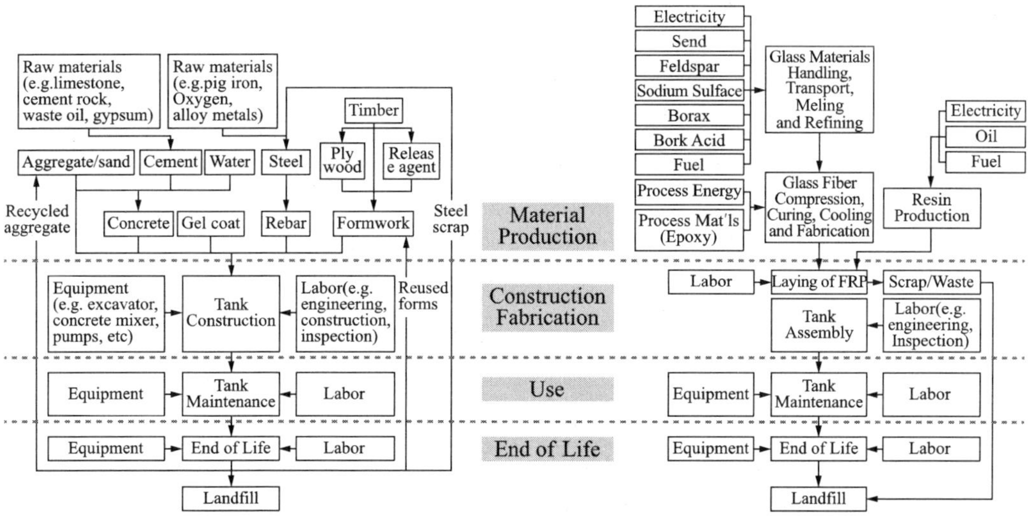

▲ 그림 8.3 LCC 분석 흐름도

그림 8.3은 콘크리트 탱크와 복합신소재인 FRP 탱크에 대한 LCC의 분석흐름을 재료설계 및 생산비용, 구조물 설계 및 제작비용, 건설비용, 유지관리비용 등으로 단계별로 분석한 분석흐름도이다. 그림 8.4~8.6은 콘크리트 탱크와 복합신소재인 FRP 탱크에 대한 LCC의 분석결과를 나타낸 결과 도표이다.

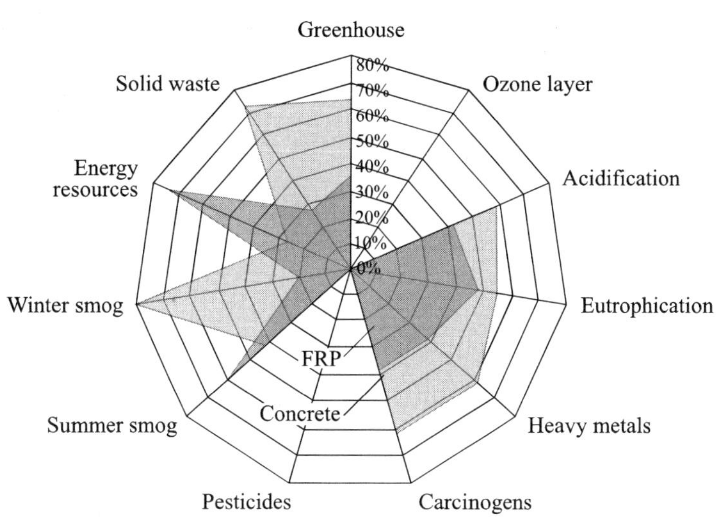

▲ 그림 8.4 LCC 분석 결과(에폭시)

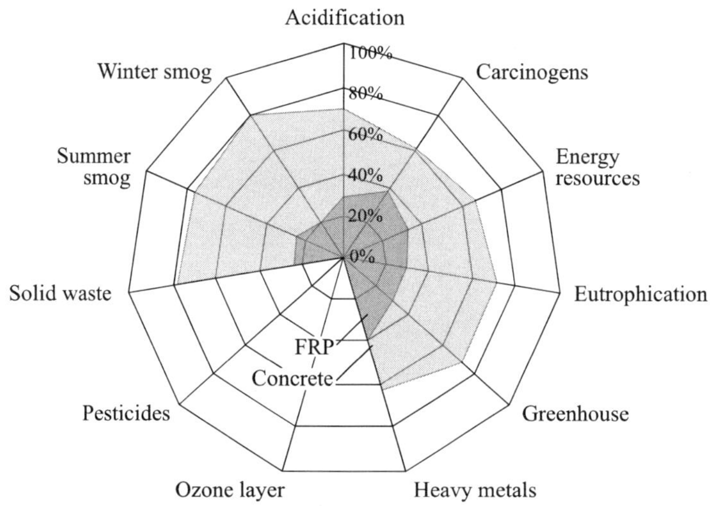

▲ 그림 8.5 LCC 분석 결과(폴리에스테르)

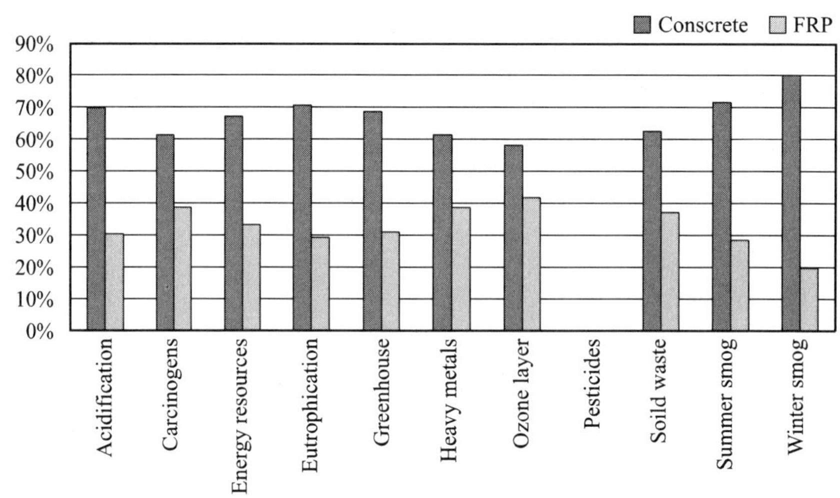

▲ 그림 8.6 LCC 종합 분석 결과

3. 분석 결과

구조 부재의 가격은 콘크리트나 강철 가격보다 비싸나, 건설기간 단축, 가설공사의 불필요, 대형장비 불사용 등을 통해, 완공된 교량은, 단기적 판단으로도 훨씬 저렴하게 된다. 장기적으로 볼 때, 부식 등으로 인한 보수비용 절감, 중량이 1/10인데서 오는 지진시 또는 기타 충격시 받는 파괴력의 1/10로의 감소, 교통 방해에서 오는 손실 감소 등을 고려하면 엄청난 액수의 경제적 이익을 가져다준다. 상기 경제성 분석연구에서 막연한 의구심과 사용실적의 한계로 인해 제한적인 분야에 국한되어 사용된 복합신소재를 이용한 교량바닥판에 대해서 경제성 분석을 시행하였고, 이를 근거로 방식, 방수효과로 유지비용 절감이 약 30% 예상되며, 구조물 수명 연장확보에서 뛰어난 시공성으로 인건비가 대폭 절감(약 10～20% 공사비 절감 예상)이 있을 것으로 조사되었다. 또한 시공 품질관리 및 검사가 용이하므로 시공 상태 적기판단으로 공사비 절감 기존 콘크리트 구조물과 완벽한 병행시공 가능(상부구조 : 복합신소재, 하부구조 : 철근콘크리트)할 것으로 판단된다. 상기에서 경제적 유효성을 검증하기 위해 복합신소재의 LCC 사례연구를 조사 분석하였으나 LCC 검토 예가 매우 적어 신뢰성 있는 LCC 산정 비교에 대한 결론을 내리기가 무리가 있으나 충분히 LCC 측면에서 충분히 경제적 유효성을 확인할 수 있었다.

9장 건설 분야에서의 복합신소재 기술개발 방향

1절 중장기적 엔지니어링 복합신소재 기술개발 방향

2절 건설 분야 복합신소재 기술개발 포트폴리오

1절

중장기적 엔지니어링 복합신소재 기술개발 방향

기존 건설재료인 콘크리트와 강재를 대체하여 복합신소재를 이용하는 기술이 개발되어 건설기술의 일대발전을 이룰 수 있는 계기를 마련할 수 있을 것으로 기대된다. 복합신소재로 사회간접자본 시설 설계시 기존의 건설재료에 비해 경량이고 내부식성을 가지는 것 외에도 아래와 같은 장점이 있다.

- 뛰어난 인성
- 뛰어난 전자기적 특성
- 우수한 감쇠 효과
- 임의 방향으로의 보강 기능
- 필요조건에 따른 최적화된 부재/구조물의 생산 가능성
- 지진발생시 경량으로 인해 관성력 감소
- 구조물의 경량과 가설의 용이성으로 인해 건설 공기 단축

상기와 같은 장점들로 인해 복합신소재가 기존의 재료들을 대신해 21세기의 주된 건설재료가 될 것이라 확신하는 바이다.

따라서 상기 기술을 근거로 본 건설 분야에서의 복합신소재 응용기술 실용을 위한 기반구축을 통해 건설 분야에 복합신소재를 중장기적, 엔지니어링 기술개발 방향을 제시하고자 한다.

1. 교량을 위한 복합신소재 기술개발

교량건설에 대한 복합신소재의 기술개발은 비록 느린 속도이긴 하지만 이미 상용화되었다. 독일의 뒤셀도르프 Dusseldorf 시는 세계최초로 복합신소재 보강재를 이용한 콘크리트 도로교를 건설하였다. 1986년에 개통된 폭 16 m, 지간 47 m인 이 교량은 유리섬유와 폴리에스테르 수지로 만든 복합신소재 보강재로 프리스트레싱한 세계 최초의 프리스트레스트 콘크리트교이다. 영국 스코틀랜드의 아버휄디 Aberfeldy 는 지간이 113 m인 보도 육교의 완전 복합신소재 사장교가 건설되었다. 이 교량 바닥판은 유리섬유 복합신소재로 구성되었으며, 높이가 17.5 m인 주탑은 유리섬유 복합신소재이고 주탑에 연결되어 교량을 지지하는 케이블은 케블라 복합신소재로 만들어졌다. 미국의 대학과 관련 산업체와의 산학기술개발로 복합신소재 교량의 연구가 많이 이루어졌으며, 록키드 마틴사 Lockheed Martin 는 유리섬유와 비닐 에스터를 사용한 저가의 복합신소재 교량을 개발하여 시험 적용하였다. 상기에서 살펴보았듯이 교량의 복합신소재 기술개발의 내용은 복합신소재 바닥판, 프리스트레싱용 강봉, 케이블, 보, 현수교 및 사장교용 케이블, 고속전철용 교량 등이 있을 수 있다.

2. 유지 보수 및 재생을 위한 복합신소재 기술개발

스위스 연방연구소는 교량건설에 대한 복합신소재의 장래 이용에 관한 연구를 실시하여 왔다. 여러 보고서 가운데 기존 교량을 보강하는 방법에 대한 안이 흥미롭다. 기존 교량 보강을 위해서 탄소섬유 적층판이 사용될 경우 강판을 사용한 경우와 비교해서 약 20% 저렴한 것으로 분석되었다. 복합신소재의 여러 가지 장점에 추가해서 저렴한 가격이란 사실은 획기적인 것임에 틀림없다. 1987년의 보고서에 의하면 미국 내의 교량 560,000개 중 약 60%가 구조적 결함 또는 기능상으로 노후된 것으로 조사되었다. 강교의 부식, 콘크리트 속에 묻혀있는 철근은 전기화학적 작용에서 일어나는 부식을 피할 길이 없다. 지하 저유시설도 비슷한 상황에 있다. 1979년 미국 표준국 조사 보고서에 의하면 부식과 관련된 손실은 년 간 약 820억 불로서 GNP의 약 4.9%에 해당된다고 조사되었다.

3. 생명선(life line)에 대한 복합신소재 기술개발

미국은 1949년부터 섬유 보강된 복합신소재 복합관을 생산해왔다. 복합신소재 복합관은 경량이고 내부식성이 뛰어나며, 시공성이 용이하다. 가격이 조정된다면 상하수도, 담수화 공장, 화학공장의 배관, 장거리 송유관 등에 대한 응용이 많이 늘어날 것으로 예상된다. 1993년 미국 복합신소재 시장에서 관 시장의 50%, 지하저유탱크 시장의 90%를 차지하고 있다. 각종 파이프라인, 도로 항만시설 등 생명선 life line 의 주, 부구조재 및 유지 보수재로 응용될 수 있도록 기술개발이 진행되고 있다. 특히 해저터널에 수중 복합신소재 튜브를 이용하여 건설하는 방법이 제안되고 있다.

4. 건물에 대한 복합신소재 기술개발

인발성형된 표준 구조단면을 이용한 복합신소재 건물적용이 많아지고 있다. 특히 콘크리트를 사용하기 어려운 추운 지역에서의 복합신소재 건물이 건설되고 있다. 복합신소재의 건축구조물 분야에 적용할 경우, 높은 초기건설비가 가장 큰 문제점으로 대두되고 있다. 현재 모든 국가에서 초기 투자비용에만 관심을 두고 있기 때문에 문제점으로 지적되지만, 실질적으로 건축구조물의 수명, 유지관리 등

의 측면이 고려 대상에서 제외되는 경향이 있으므로 이에 대한 종합적인 비교 검토가 필요하다.

5. 건설 전반에 대한 복합신소재 기술개발

여러 나라에서 여러 가지 복합신소재로 된 얇은 판을 돔이나 내벽, 지붕 등으로 사용되고 있다. 복합신소재로 된 콘크리트 형틀은 이미 오래 전부터 사용되고 있다. 선박, 컨테이너 등 여러 가지 수송 수단이 복합신소재로 되어 있다. 복합신소재 말뚝은 이미 여러 나라에서 사용 중이다. 토질 및 기초공학자들은 기초, 뚝, 사면 등의 보강을 위해 지오텍스타일을 사용해왔다. 부식 저항 특성 때문에 해양 원유 플랫폼, 항만, 수로, 지하시설물 등에 대한 복합신소재의 응용은 급격히 팽창할 것으로 보인다. 일반적으로 토목·건축의 규모는 방대한 것이어서 경제성이 주요 고려 사항이 된다. 이런 점에서 볼 때, 복합신소재와 기존 재료를 혼용하는 것이 일차적으로 고려되어야 한다. 프랑스의 어느 회사는 폴리에스테르 섬유로 보강된 모래로 옹벽을 건설했다. 이 섬유는 높은 내부 마찰각과 접착력을 제공하게 되어 결과적으로 건설된 옹벽의 공사비는 콘크리트를 사용할 때의 50%에 불과했다. 이와 비슷한 개념의 예는 여러 가지 있다. 폴리프로필렌으로 보강된 아스팔트 활주로 포장, 폴리에스테르 스틸렌 폴리머 도로 덧씌우기, 섬유 보강 콘크리트 상판, 포장 등 많은 예가 있다. 표준단면 구조 요소로는 강재로 생산되는 각종 단면의 요소가 주로 유리섬유, 폴리에스테르, 비닐 에스터 등을 사용하여 인발에 의해서 생산된다. 이런 단면은 섬유 보강재를 위한 최적형태가 아니어서 최저가격을 얻기는 어려우나 내자기성, 내부식성 등을 인정받아 그 사용이 점차 확대되고 있다. 유리섬유/에폭시, 탄소섬유/에폭시, 아라미드 섬유/에폭시 또는 하이브리드 폴리머의 복합신소재 강봉이나 케이블은 교량 등 각종 구조물에 널리 쓰이기 시작됐다. 그러나 이러한 강체 구조 요소의 단면은 강재를 위한 단면으로서 섬유보강 복합신소재를 위한 구조 단면의 개발 및 활용이 가격의 저렴화, 중량의 감소 등을 더욱더 가속화시킬 것이다. 복합신소재를 주 구조재로 사용할 경우의 가격 문제는 이미 단기적으로도 유리하지만 장기적인 관점에서의 장점이 훨씬 크다. 교량 등의 수명을 100~120년으로 고려할 때 유지, 보수 문제는 심각하다. Smart structure 개념을 도입한 복합신소재 구조는 이러한 문제를 쉽게 해결한다. 재래식 교량의 유지, 보수는 대부분 극심한 교통량의 폭주 중에 진행되는 것을 흔히 볼 수 있다. 복합신소재 교량에는 이러한 문제가 없다. 또한, 재래식 교량의 건설 공기는 몇 달 또는 몇 년을 이야기 한다. 하지만 복합신소재 교량의 건설 공기는 몇 일로 이야기한다. 아울러, 복합신소재 교량중량은 재래식 구조의 10% 내외로, 중장비 운영방법이 크게 달라진다. 10% 정도의 경량의 상부구조는 하부구조 공사비를 크게 저하시킨다.

2절

건설 분야 복합신소재 기술개발 포트폴리오

1. 전략 프로젝트 포트폴리오

앞 장에서 도출된 건설 분야에서의 복합신소재 응용기술 기반 구축에 부합될 수 있는 세부 프로젝트를 도출하는 과정은, 실제 기반 구축 실행과제를 실행하는 체계적 세부 단위를 만드는 과정으로 그 전략적 중요성을 함축하고 있어 "전략 프로젝트 우선순위화"로 기술하였다. 전략 프로젝트 우선순위화가 건설 분야에서 복합신소재 응용기술의 연구개발을 체계적으로 실행해나가는 매우 중요한 단계이다. 이를 위해서 복합신소재 R & D 이해 관계자들의 여러 가지 형태의 연구 및 논문 분석을 통한 기술정보를 수집하여 전략 프로젝트를 설정하는 과정을 거쳤다. 이 전략 프로젝트 우선순위 결과에 따라 향후 건설 분야 복합신소재 응용기술 연구개발에서 중점적으로 다루어지게 될 9개의 중점 전략 프로젝트의 포트폴리오를 다음과 같이 분류하였다.

1) 복합신소재 상부구조개발

콘크리트와 강재는 그의 경제성과 재료 역학적 장점으로 오랫동안 이용되어 왔다. 그러나 최근 세계 여러 나라에서 사회간접자본 시설의 노후화, 특히 강재의 부식으로 인한 사용성 및 안전성의 저하는 막대한 유지보수 비용과 함께 사회문제로까지 대두하게 되었다. 이러한 때, 건설 산업에서 복합신소재인 재료의 출현과 적용은 상기 문제를 해결할 수 있는 새로운 재료로서 높은 관심을 모으고 있다. 복합신소재는 경량·고강도·고내구성 특성으로 인해 강재처럼 부식하지 않고 콘크리트처럼 열화하지 않아 구조물의 내구연한을 대폭 향상시킬 수 있을 뿐만 아니라 경량 특성으로 구조물의 자중을 크게 줄여줄 수 있으며 건설에 소요되는 공기를 상당히 단축할 수 있고 유지관리비가 거의 없는 장점을 지니고 있다.

2) 복합신소재 보강근(Rebar) 개발

보강근Rebar인 철근은 콘크리트 구조물의 보강재로서 철근과 프리스트레싱 긴장재는 그의 경제성과 재료 역학적 장점으로 오랫동안 이용되어 왔다. 사회간접자본 시설의 노후로 인해 철근의 부식으로 인한 사용성 및 안전성의 저하는 막대한 유지보수 비용과 함께 사회문제로까지 대두하게 되었다. 이러한 때, 상기 문제를 해결할 수 있는 복합신소재 보강근에 높은 관심을 모으고 있다. 복합신소재 보강근은 철근처럼 부식하지 않고 콘크리트 구조물의 내구연한을 대폭 향상시킬 수 있어 이를 위한 복합신소재 보강근 콘크리트 건설기술은 반드시 확보되어야 할 핵심기술이라고 할 수 있다.

3) 복합신소재 보수보강재 개발

기존 노후 콘크리트 및 강재교량의 상·하부 구조를 외부에서 보강하기 위해 복합신소재 CFRP(탄소섬유) 시트Sheet나 패널panel을 이용하는 경우 등이 있다. 사회간접자본 시설의 노후로 인해 사용성 및 안전성의 저하로 인한 사회문제로까지 대두하게 되었다. 이러한 때, 상기 문제를 해결할 수 있는 복합신소재 보수보강재에 높은 관심을 모으고 있다. 복합신소재 보수보강재는 콘크리트 및 강재 구조물의 내구연한을 대폭 향상시킬 수 있어 이를 위한 복합신소재 보수보강재 개발은 반드시 확보되어야 할 핵심기술이라고 할 수 있다.

4) 복합신소재 긴장재 및 케이블 개발

복합신소재는 높은 비강성, 강도, 낮은 자중, 뛰어난 부식저항성, 자기저항성 등의 장점 때문에 프리스트레스 구조물에 사용되는 강재 텐던(tendon, 긴장재)을 대체할 수 있는 복합신소재 텐던으로 각광 받고 있으며 특히 염기성 환경에서 강재 텐던의 부식에 대한 문제를 원천적으로 제거할 수 있는 장점이 있으며, 또한 우리나라는 지리적으로 산간지방이고 섬이 많기 때문에 연육교 또는 연도교 형식에 적합한 케이블cable 교량의 수요가 꾸준히 증가할 것으로 예상되므로 이를 위한 초장대교량 건설기술은 반드시 확보되어야 할 것이며 초장대교량에서 핵심기술인 염기성 환경에서 내부식성이 있는 복합신소재 케이블 개발이다. 이처럼 구조물의 내구연한을 대폭 향상시킬 수 있을 뿐만 아니라 경량 특성으로 구조물의 자중을 크게 줄여줄 수 있으며 건설에 소요되는 공기를 상당히 단축할 수 있고 유지관리비가 거의 없는 장점을 지니고 있다.

5) 복합신소재 상하수도관 개발

상·하수도관은 주로 콘크리트와 강재를 사용하여 시공되어 왔다. 최근 시설의 부식 및 노후화로 인한 사용성 및 안전성의 저하를 초래하여 관련 시설의 보수보강이 시급한 실정이다. 이러한 때, 복합신소재인 재료의 출현과 적용은 상기 문제를 해결할 수 있는 새로운 재료로서 높은 관심을 모으고 있다. 복합신소재상·하수도관은 경량·고강도·고내구성 특성으로 인해 강재처럼 부식하지 않고 인체에 해가 없으며, 콘크리트처럼 열화하지 않아 구조물의 내구연한을 대폭 향상시킬 수 있을 뿐만 아니라 경량 특성으로 구조물의 자중을 크게 줄여줄 수 있으며 건설에 소요되는 공기를 상당히 단축할 수 있고 유지관리비가 거의 없는 장점을 지니고 있다. 복합신소재상·하수도관은 차세대 상·하수도관의 혁명이라 할 수 있을 것이다.

6) 복합신소재 내진성능보강재 개발

내진성능 보강기법은 구조 요소의 개별적인 보강에 의한 내진성능보강방법과 지진 보호 장치에 의한 내진성능 보강방법으로 대별할 수 있다. 내진성능 보강은 역학적으로 타당한 절차와 방법에 의해서 실시될 수 있다. 내진성능 보강방법의 선정은 시공성, 경제성, 보강효과 등을 종합적으로 검토하여 합리적인 내진성능 보강이 되도록 수행해야 한다. 특히 구조 요소의 개별적인 보강에 있어서 내진설계가 되지 않은 구조물의 휨 연성 성능 보강방법, 전단성능 보강공법, 축방향철근 겹이음부의 내진성능보강 방법으로 복합신소재를 이용한 보강공법이 최근에 많이 적용되고 있어 이를 위한 복합신소재내진성능보강재 개발이 반드시 확보되어야 할 핵심기술이라고 할 수 있다.

7) 복합신소재 풍력타워 및 블레이드 개발

신재생에너지로 각광받는 풍력발전기는 풍력타워와 블레이드 등 구조체로 구성되어 있으며, 풍력타워는 강재를 주로 사용하지만 블레이드는 복합신소재를 사용한다. 풍력블레이드Blade는 모두 복합신소재로 구성되어 있는데 최근에는 풍력타워도 강재에서 복합신소재를 이용하는 연구개발이 진행되고 있다. 국내에도 풍력발전기 설치가 증가하는 추세이며 향후 그 수요가 꾸준히 증가할 것으로 예상되므로 이를 위한 풍력발전기 타워 및 블레이드 건설기술은 반드시 확보되어야 할 핵심기술이라고 할 수 있다.

8) 복합신소재 조립식주택 개발

조립식주택이란 복합신소재를 이용한 단위Modular 프레임Frame 구조부재를 이용한 조립식주택을 의미하며, 지진, 태풍과 같은 재난선포지역에서 기존 이재민 임시 주거용 구조물이 중량과 부식성이 강한 강재로 가설되고 있어, 재난지역 특성상 각종 가설용 중장비

동원 등이 어려움을 갖고 있어, 2~3인이 중장비 동원 없이 주거용 구조물인 조립식주택을 손쉽게 설치 가능하고, 공사기간과 공사비를 획기적으로 줄일 수 있는 핵심기술이라고 할 수 있다.

9) 복합신소재 설계기준 및 표준시방서 제정

설계 사무소나 현장의 건설 기술자들은 대개 학부 수준의 콘크리트, 강구조의 이론적 배경을 갖고 있다. 국내외적으로 이미 부분적으로 건설 분야에 복합신소재로 만든 구조물들이 적용되고 있는 현실을 감안할 때 조속히 설계기준 및 표준시방서 제정이 마련되어서 건설기술자들이 쉽게 복합신소재를 이해하고 응용할 수 있도록 해야 한다.

10장 마무리

지금까지 토목, 건축분야의 건설재료는 계속 변화하여 왔다. 즉, 목재에서 석재 그리고 콘크리트, 강재로 그 당시에 사용 가능한 재료와 응용 가능한 이론을 토대로 진화하여 왔다. 복합신소재는 강도와 강성이 충분하면서도 재료의 자중을 획기적으로 줄일 수 있으며, 외부환경에 저항성이 크고 환경오염의 영향이 적어 공사시간의 단축, 유지관리, 생애주기공사비 LCC, 환경적인 영향 등의 문제를 상당 부분 해소할 수 있는 매력적인 재료이기에, 미래 건설 분야에서 콘크리트와 강재를 대체할 수 있는 재료로서 각광받게 될 것이다. 이제, 건설재료는 복합신소재가 될 것이라는 데에 의심의 여지가 없다.

선진국에서는 이미 막대한 경비를 들여 연구개발에 박차를 가하며, 사회간접자본 시설에 적용하려는 관심과 시도가 계속 이뤄지고 있다. 그러나, 우리는 이에 대한 관심이 미비하고 관련 기술이 지극히 초보적인 수준에 있다. 구조물의 초고층화, 초장대화, 초대형화로 이어지는 고도의 건설 산업에서 고성능, 고강도, 고기능과 고품질의 복합신소재는 건설기술에 경쟁력을 가져다줄 매력적인 소재로써, 지금이라도 우리는, 실 구조물(교량, 건축 등)에 적용하려는 노력이 어느 때보다 가장 필요하다.

그러므로 이 시점에서 건설용 복합신소재 분야의 선진국과 국내 기술 수준과 연구개발동향을 정확히 파악하는 것이 급선무라 판단되어 국내외 기술현황 파악 및 활용, 응용사례를 조사하고, 이를 바탕으로 한 <건설 분야에서의 복합신소재 응용기술>을 통하여 복합신소재의 실용성과 향후 발전가능성을 고찰함으로써, 복합신소재의 연구개발 방향을 조명하는데 유용하게 제공될 수 있다고 사료된다.

앞으로, 복합신소재가 건설재료의 고정관념 변화를 이끌어 내는데 귀한 역할을 하여 건설기술 발전에 일대 혁신을 가져오는 기회 되길 바란다.

참고문헌

김덕현(1999), 21세기의 복합재료의 신전개 방향, Polymer Science and Technology Vol.10, No.1, February

김덕현(2000), 21세기 건설재료로서 FRP 전망, 콘크리트학회지 제12권 6호

김윤해, 한중원(2001), 복합재료학, 효성출판사

윤순종(2010), 복합신소재의 개발과 활용, 기술기사, 한국 한국복합신소재구조학회지, 제1권1호

이대길, 정광섭, 최진호(1998), 복합재료역학 및 제조기술, 시그마프레스

이성우(2002), 신속시공·경량·고내구성 복합소재 교량 바닥판 산업화 연구, 산학연 공동연구개발사업 1차년도 연차보고서(안)

지효선, 조영환, 박계남(2002), 복합신소재 교량의 설계 및 현장적용, 기술기사, 대한토목학회지, 제50권 제7호

지효선, 손병직, 장석윤(2004) 복합신소재(ACM) 소형교량 상부구조의 특성 및 현장적용성, 대한토목학회 논문집, 제24권, 제6A호

지효선, 손병직, 장석윤(2002) 완전 복합신소재교량 상부구조 현장 적용 실험적 연구, 대한토목학회 학술발표회 논문집

지효선, 손병직, 장석윤(2001) 노후화된 교량 바닥판 대체용 복합재료 교량 바닥판의 거동에 관한 실험적 연구, 한국강구조학회논문집, 제13권, 제6호, pp.631～640.

지효선, 손병직, 장석윤(2001) 교량적용을 위한 복합신소재 바닥판의 휨거동", 대한토목학회 학술발표회 논문집

한국건설기술연구원(2002) 장수명 합리화 바닥판 개발(II), Bridge 200 기본 사업, 1차년도 연구 보고서

한복규, 신관수, 김기수, 홍건호(2005), 건설구조물에 적용된 섬유복합재료의 LCC 검토, 한국복합재료학회지 제18권5호

홍건호, 한복규, 김기수(2006), 섬유복합재료의 건설구조물 적용기술, 한국복합재료학회지 제18권1호

한봉구(2010), 21세기 건설재료로서 복합신소재구조물의 전망, 기술기사, 한국복합신소재구조학회지, 제1권1호

AASHTO(2007) AASHTO LRFD Bridge Design Specifications(4th Edition), The American Association of State Highway and Transportation Officials (AASHTO), Washington D.C., USA

Allen, H.G.(1969), “Analysis and Design of Structural Sandwich Panels”, Pergam an Oxford

Alagusundaramoorthy, P., Harik, I.E., and Choo, C.C.(2006). Structural behavior of FRP composite bridge deck panels, ASCE Journal of Bridge Engineering, 11(4), 384~393.

ANSYS Ins.(2005). ANSYS 10.0 documentation ANSYS Inc. distributed with ANSYS 10.0

Aref, A.J., Kitan, Y., Lee, G.C.(2005) Analysis of hybrid FRP-concrete multi-cell bridge superstructures, Composite Structures, (69), 346~359.

Aref, A.J., Parsons, I.D.(2000) Design and performance of a modular reinforced plastic bridge, Composite Part B: Engineering, (31), 619~628.

Bakis, C.E., Bank, L.C., Brown, V.L., Cosenza, E., Davalos, J.F., Lesko, J.J., Machida, A., Rizkalla, S.H., and Triantafillou, T.C.(2002). Fiber-reinforced polymer composites for construction-state-of-the art review, ASCE Journal of Bridge Engineering, 6(2), 73~87.

Braestrup, M.W.(1999). Footbridge constructed from glass-fiber-reinforced profile, Denmark, Structural Engineering International, 9(4), 256~258.

Burgueno R., Karbhari V.M., Seible F., and Kolozs R.T.(2001). Experimental dynamic characterization of an FRP composite bridge superstructure assembly, Composite Structures, (54), 427~444.

Clarke, J.L.(Ed)(1996), Structural design of polymer composites-EUROCOMP design code and handbook, E & FN Spon, London, England.

Deskovic N., Triantafillout and Meier U.(1995) Innovative design of FRP combined with concrete: short-term behavior, ASCE Journal of structural Engineering, 121(7), 1069~1078

Demitz, J.R.(1999), Limit States Design Methodology for Composite Material Bridge Structures, CCM Report 99-3, University of Delaware Center for Composite Materials.

Douglas A. Eckel II(1998) A Theoretical and Experimental Study on the Behaviour of Sandwich Bridge Decks Composed of Composite Materials, CCM Report 98-5, Univ. of Delaware

Federal Highway Administration(FHWA)(2002). FRP decks and superstructures: current practice, <http://www.fhwa.dot.gov/bridge/frp/deckprac.htm.>

Hota Gangarao and Liang Ruifeng(2011) Advanced fiber reinforced polymer composites for sustainable civil infrastructrures, Internnational Symposium on Innovation & Sustainability of Strcutrures in Civil Engineering, Xiamen University, China

JEC Strategic Studies(2007), Composite Materials in Construction and Civil Engineering.

Ji, Hyo Seon, Son, Byung Jik, Ma, Zhongguo John.(2009). Evaluation of composite sandwich bridge decks with hybrid FRP-steel core, ASCE Journal of Bridge Engineering, 14(1), 36∼44.

Ji, H.S., Son, B.J. and Ma, Z. John.(2006). Structural Characterization of Composite Sandwich Panel with Hybrid FRP-Steel Core for Bridge Decks, Proceedings of the Third International IIFC Conference Composites in Civil Engineering, Miami, Florida, USA, December 13∼15.

Ji, H.S., Son, B.J., and Chang, S.Y.(2007). Field testing and capacity-ratings of advanced composite materials short-span bridge superstructure, Composite Structures, 78(2), 299∼307.

Ji, H.S., Son, B.J. and Chang, S.Y.(2001). An Experimental Study on the Behavior of Composite Materials Bridge Decks for Use in Deteriorated Bridge Decks Replacement, Journal of Korean Society of Steel Construction, 631∼640

Ji, H.S., Son, B.J. and Chang, S.Y.(2000). Analysis of Sandwich Plates with Composite Facings based on Zig-Zag Models. Korean Society of Steel Construction, Vol. 12, No.6.

Ji, H.S. Ji, Son, B.J and Cho, Y.H..(2005) In-service Performance of an Advanced Composite Materials Superstructure, Proceedings of the COBRAE Conference 2005 Bridge Engineering with Polymer Composites, Zurich, Switzerland, March 30-April 1

Kim, D.H.(1995), Composite Structures for Civil and Architectural Engineering, E & FN Spon, London, England.

Matthews, F.L. and Rawlings, R.D.(1994), Composite Materials : Engineering and Science, Chapman & Hall

Lopez-Anido, R., Han, X.(2002). Structural characterization of hybrid fiber-reinforced polymer glulan panels for bridge decks, ASCE Journal of Composites for Construction, 6(3), 194∼203.

Ma, Z. J., Choppali, U, Li, L.(2007a). Cycling tests of a fiber-reinforced polymer honeycomb sandwich deck panel at very cold temperatures, International Journal of Materials and Product Technology, 28(1/2), 178～197.

Martin Marietta Composites (MMC)(2005), DuraSpan Fiber-Reinforced Polymer Bridge Deck System,
<http://www.martinmarietta.com/products.>

MOCT.(2000). Standards Specifications for Highway Bridge, 2nd Edition., Korea, Ministry of Construction and Transportation.

Nystrom, H.E., Watkins, S.E., Nanni, A.(2003). Financial viability of fiber-reinforced polymer bridges, ASCE Journal of Management in Engineering, 19(1), 2～8.

Strongwell(2010), Design Manual, Extren and Other Proprietary Pultruded Products, <http://www.strongwell.com>

Zhou, Aixi(2002). Stiffness and strength of fiber reinforced polymer composite bridge decks system. Ph.D. dissertation. Virginia Polytechnic Institute and State University, Blacksburg, VA. USA.

부록 (복합신소재 관련 웹사이트)

Acces Design and Engineering http://www.access-design.co.uk
Advanced Composite Group http://www.advanced-composites.co.uk
Ahllstrom Coporation (Glassfibre) http://www.ahlstrom.com
Alan Dick & Co (specialists in wireless infrastructure) http://www.alandick.com
American Composites Manufactures Association (ACMA) http://www.cfa-hq.org
Anglia Composites Ltd.http://www.angliacomposites.co.uk
Bedford Reinforced Plastics http://www.bedfordplastics.com
Bakaert Composites http://www.bekaert.com/composites
The British Plastics Federation http://www.bpf.co.uk
Captrad, UK http://www.captrad.com
CTS Bridges, Huddersfield, UK http://www.ctsbridges.co.uk
Comfort line (door and windows) http://www.comfortlineinc.com
Composite Construction Laboratory http://www.cclab.ch
Composite Cooling Solutions http://www.compositecooling.com
Composite Technology http://www.compositesworld.com
Composites z http://www.compositez.com
Cook Composites & Polymers, Inc. http://www.ccponline.com
Cooling Technology Institute, Houston http://www.cti.org
Cooling Tower Fabrication and Supply Inc.
http://www.westtexascoolingtower.com
CoSACNet (UK academic Network for Advanced Polymeric Composites for Structural Applications in Construction)
http://www.cosacnet.soton.ac.uk
Crane Materials International (sheet piling and piles) http://www.cmilc.com
Creative Pultrusions, Inc. http://www.pultrude.com
Deck Industry Association http://www.deckindustry.org
Delta Composites, L.C.C. http://www.detlacomposites.com
Dow Deutschland Inc. http://www.dow.com
DRB Industries http://www.drbcoolingtowers.com
EB Solutions Ltd. (Industrial Housing Division)
http://www.ebsolutionsltd.co.uk
EPI (Fabricator in Texas) http://www.engpro.com
Seasafe (pultruder) http://www.seasafe.com

Engineering Composites Ltd. http://www.engineered-composites.co.uk
EPTA (European Pultrusion Technology Association)
http://www.pultruders.com
Exel Composites UK http://www.fibreglass-engineering-solutions.co.uk
Firegard Safety Services Ltd., UK http://www.firegard.co.uk
Fibergrate Composite Structures (Fiberglass Gratings and Structural Systems), USA
http://www.fibergrate.com
Fiberline Composites A/S, Denmark http://www.fiberline.com
Fibrotec Materiales Compuestos S.L., Spain http://www.fibrotec.es
Genesis Composites http://www.genesiscomposites.co.uk
Glasforms Inc. http://www.pultruder.com
GDP Koral, s.r.o. http://www.gdpkoral.cz
Grupo Fiber http://www.grupofiber.com
ICCO Composites http://www.icco.fr
IFE Pultrusion Exchange http://www.fiberglass.com
IIFC (International Institute for FRP in Construction)
http://www.iifc-hq.org
ISIS Canada http://www.isiscanada.com
James Quinn Associaltes Ltd. http://www.users.rapid.con.uk
Kemrock Industries & Exports Ltd. http://www.kemrock.com
KaZak Composites, Inc. http://www.kazakcomposites.com
Lee Composites Inc. http://www.leecomposites.com
Libert Pultrusions http://www.libertypultrusions.com
Martin Pultrusion Group http://www.martinpultrusion.com
Martin Marietta Composites http://www.martinmarietta.com
Mita Ltd. http://www.mita.co.uk
NetComposites http://www.netcomposites.com
Network Group for Composites in Construction http://www.ngcc.org.uk
Owens Corning Inc. http://www.owenscorning.com
Pas-Gon FRP products http://www.pas-gon.co.il
Pipex Structural Composites Ltd. http://www.piepex-psc.ltd.uk
Powertrusion Dynamics Inc. http://www.powertrusion.com
PPG Industries UK Ltd. http://www.ppg.com
Pultrall http://www.pultrall.com
Pultrec http://www.pultec.co.uk

Pultrusion Companies, Manufactures, and Pultruders
http://www.pultrusions.org
Pultron Composites http://www.pultron.com
Pultronex Corporation http://www.pultronex.com
Pultrusion Industry Council http://www.pultrusionindustry.org
Pultrusion Dynamics Inc. http://www.pultrusiondynamics.com
Psychrometric Systems Inc. http://www.psicoolingtowers.com
R.B.J. Reinforced Plastics Ltd. http://www.rbjplastics.com
Rochling http://www.roechling-haren.de
Sheet Piling Ltd. http://www.sheetpilinguk.com
Strongwell http://www.strongwell.com
SXP Cooling technologies http://www.spxcooling.com
The Pultrusion Information Source http://www.pultrusions.org
Thomas Group Thomas Technik Innovation (TTI)
http://www.thomas-technik.com
Top Glass SpA http://www.topglass.it
Tufnol http://www.tufnol.com
Universal Pultrusions (door systems for corrosive industrial applications)
http://www.unipulllc.com
Wagners Composite Fibre Technologies http://www.wagnerscft.com.au
West Virginia University-Constructed Facilities Center
http://www.ceme.wvu.edu
Yprado http://www.yprado.eu
ZellComp Inc. http://www.zellcomp.com

건설 분야에서의
복합신소재 응용기술 정가 10,000원

발　행　2019년 3월 10일 초판 1쇄
저　자　한국복합신소재구조학회
발행인　정우용
발행처　도서출판 동화기술
경기도 파주시 광인사길 201(문발동, 파주출판도시)
Tel (031)955-4211~6　donghwapub@nate.com
Fax (031)955-4217　www.donghwapub.co.kr
(등록) 1977년 12월 19일/9-16호

ISBN 978-89-425-9203-6